宝贝，亲手为你做辅食

布鲁比 ◎ 著

U0209692

化学工业出版社
·北京·

图书在版编目（CIP）数据

宝贝，亲手为你做辅食 / 布鲁比著 . — 北京：化学
工业出版社，2016.12
　　ISBN 978-7-122-28352-8

　　Ⅰ . ①宝…　Ⅱ . ①布…　Ⅲ . ①婴幼儿-食谱
Ⅳ . ① TS972.162

中国版本图书馆 CIP 数据核字（2016）第 254713 号

责任编辑：张焕强　　　　　策　　划：上海慧志文化（www.witsbooks.com）
责任校对：李　爽　　　　　封面设计：木子一设计

出版发行：化学工业出版社（北京市东城区青年湖南街 13 号 邮政编码 100011）
印　　装：北京画中画印刷有限公司
710mm×1000mm 1/16 印张 18 字数 140 千字 2017 年 5 月北京 第 1 版 第 1 次印刷

购书咨询：010-64518888（传真：010-64519715）　售后服务：010-64518899
网　　址：http://www.cip.com.cn
凡购买本书，如有缺损质量问题，本社销售中心负责调换。

定　　价：49.80 元　　　　　　　　　　　　版权所有 违者必究

给妈妈们的辅食宝典

均衡营养和满满的爱

健康中国，营养先行；营养中国，从娃娃抓起。宝宝辅食的添加关系到宝宝一生的体质基础和饮食习惯的形成，而饮食习惯的好坏将直接影响到后天体质的好坏。

信息时代的今天，面对铺天盖地的营养知识与各种该吃什么不该吃什么的传播，很多妈妈们迷茫了。正是基于此，我一直在期待出一本这方面的书。可是出本有关婴幼儿辅食的书，真的责任重大，而且营养学很多观念在不断更新，于是我的想法搁浅了……

认识布鲁比是源于我们有共同的美食平台，我们有太多的相似之处。于是，同样热爱生活、喜欢小朋友的我们成了一见如故的知音。当知道布鲁比要出这样的一本书时，我是激动而兴奋的，这个任重而道远的事情她去做了。从婴儿到幼儿，每个阶段都根据宝宝当时需要的营养、消化吸收水平设计了多个食谱，从食材的选购、营养的互补、色彩的搭配、成品的美观等多方面考虑，无比细致入微，布鲁比把所学的营养知识以及几年的辅食专栏经验，结合自己带

宝宝的心得，倾注了大量心血，反复推敲斟酌，制作了一百多道接地气的辅食食谱，让新妈妈们照着搬来都可以天天不重样！

我和布鲁比都学营养爱美食，同样都是孩子的母亲，我作为一个推动"食育"教育的志愿者，呼吁每个人都来关注宝宝们的健康，照顾好宝宝的饮食和起居，而布鲁比的书在这方面颇具指导意义，也是操作性很强的书。

布鲁比热爱生活，还是位多才多艺的知性女子：喜欢阅读，文笔优雅；喜欢音乐，歌声动听；喜欢旅行，美景和美食皆不错过。我觉得布鲁比本身就是一部精彩的书，读布鲁比的宝宝辅食，您一定会收获很多！

有一个美丽的名字叫妈妈，
当生命的降临，
手捧沉甸甸的使命时，
我谨以此书推荐给您。
唯爱与美食不可辜负，
这里，全是美食和爱。

叶子的小厨
2016年5月于北京

目录

Part 1
关于宝宝辅食的添加

Part 2
5～6个月宝宝辅食

第一口，从米粉、米糊开始

菜泥果泥，初尝味道

Part 3
7～8个月宝宝辅食

◎蛋黄牛肉，开小荤

Part 6
这么快，一岁半啦

Part 7
过敏宝宝这么吃

Part 8
宝宝特效功能食谱

Part 9
基础佐料 DIY

附录

Part **1**

关于宝宝辅食的添加

★ 添加辅食的重点，是根据宝宝发育状态，逐渐将单纯乳类过渡到固态食物，并在这个过程中，养成好的饮食习惯，享受食物的天然美味。

★ 循序渐进是关键，不建议完全按理论知识操作，要结合宝宝的咀嚼和消化能力，以及对食物的耐受程度来灵活应用。

★ 自制辅食无论是营养素、新鲜度，还是风味口感都更完善和丰富。把对宝宝的呵护和爱意融入食材，烹饪出辅食，让宝宝享受到最亲切温暖的味道。

4个月或6个月

宝宝究竟什么时候开始添加辅食？这是很多家长的疑问。

传统的观念，宝宝尽早添加辅食就能尽可能多地获得营养，但实际上添加辅食的时机不光要参考宝宝的月龄，更重要的是观察宝宝体重增长、发育速度、运动能力和食欲状况等具体生长发育指标是否成熟。

辅食添加最好开始于满 4 个月之后

宝宝出生后的前 4 个月，肠胃系统并未成熟，基本只能消化母乳或配方奶。因此，过早添加辅食可能导致宝宝食物过敏，增加腹泻等其他疾病的风险。

> 添加辅食应在婴儿满 4 个月也就是第 5 个月之后。

世界卫生组织推荐宝宝满 6 个月添加辅食。当然，具体时间要根据宝宝的个体状况来确定。总体来说，满 4~6 个月是味觉细胞发育的敏感期，这个时期宝宝最容易接受新的味觉体验。

添加辅食不晚于 8 个月龄

随着宝宝成长速度的加快，各种营养需求也随之增大，母乳所提供的营养能量密度越来越小，营养素也随之缺乏。此时，通过添加辅食补充各类营养成分就变得非常必要。

如果晚于 8 个月添加辅食，很有可能造成宝宝生长发育迟缓，营养不良甚至贫血。还可能让宝宝错过消化、咀嚼等多种生理功能的合理训练期，从而影响宝宝肠胃吸收，形成不良的进食习惯，不但不利于断乳，而且会导致宝宝偏食和挑食。

特殊宝宝何时吃辅食

过敏体质的宝宝，添加辅食过早可能会加重过敏症状，因此满 6 个月时开始添加辅食较好；早产宝宝辅食添加时间应该为矫正年龄满 4~6 个月。

准备就绪的小信号

吃母乳或配方奶意犹未尽：每天母乳喂养 8~10 次，或配方奶 1000 毫升以上，宝宝经常因为吃不饱而哭闹。

对成人食物产生关注和兴趣：比如在大人吃饭时，宝宝会盯着看，伸手想要，同时还伴有吞咽和流口水的反应。

能吞咽食物，推舌反应消失：对于伸到嘴边的食物不抗拒，不用舌头顶出，而是张口或吸吮，并且吞咽食物。

体重已达出生时的两倍，但近期增长偏缓：仅依靠母乳或配方奶不能提供足够营养，此时宝宝已出现发育偏缓现象，需尽快添加辅食。

辅食添加有原则

辅食种类由一种到多种，一种种食材添加

宝宝最初的辅食添加应以少量、简单为原则。新的食材要一种一地添加，让宝宝对不同的种类、不同的味道有循序渐进的接受过程。每加一种新食材时，都要观察宝宝的状态，如果3~4天或一周内宝宝对食材很适应，

无不良反应，就可以继续尝试接受新食物。如果遇到宝宝生病或天气炎热等情况，需暂缓添加新的辅食种类。

辅食的量由少到多，逐步添加

宝宝添加辅食的第 1 天从一小匙尖十倍米粥（水与米的比例为 10∶1，七倍、三倍以此类推）或稀米粉开始试喂，若无异常，第 3 天可加两倍量，第 5 天加至三倍量，第 6 天可在第 5 天基础上试加一小匙尖菜泥或果泥……若无异常，第 9 天在适量米粥的基础上试加新品种的菜泥或果泥……

最初两周的辅食添加表

天数	米粉或米粥	菜泥或果泥	肉泥
1	一匙稀米粉或十倍米粥	暂不添加	暂不添加
2			
3	两匙稀米粉或十倍米粥	一匙菜泥或果泥	暂不添加
4			
5			
6	三匙稀米粉或十倍米粥	一匙新菜泥或果泥	暂不添加
7			
8			
9			
10			
11	根据需要增加量，从十倍米粥或稀米粉过渡到七倍米粥或较稀米粉	根据需要增加量，约三天可新增一种	暂不添加
12			
13			
14			
15			

注：这里的一匙指的是一小匙尖的量，占普通陶瓷餐具汤匙大约 1/4，相当于婴儿专用匙约半匙，两匙、三匙以此类推。

辅食浓度由稀到稠，质地由细到粗

稀泥 → 糜状 → 碎末 → 稍大软颗粒 → 稍硬颗粒状 → 块状

辅食状态变化表

5~6个月	辅食以水分多的流质、半流质或糊液状食物（摇动时呈现液态流动状）为主。这段时间婴儿口腔处理食物方式为整吞整咽。以大米为例，适合吃十倍粥和七倍粥
7~8个月	辅食以可轻松压碎的泥糊状食物为主，水分可以逐渐浓缩到摆盘时可成型的程度。这个阶段宝宝主要靠舌头捣碎以及牙龈咀嚼来对付食物。米粥可以吃五倍粥
9~12个月	辅食以牙龈可以轻松咬碎的小颗粒状细碎食物为主。随月龄增长，颗粒逐渐变大，硬度也可逐步增大，但仍旧要保证宝宝可以轻松咬碎。这个时期宝宝是以牙龈咀嚼为主，可以添加软米饭
1岁以上	辅食可以由颗粒逐步转为小块状。大多数宝宝这时已经长出乳牙，开始用牙齿咀嚼食物。因此食材的硬度可以加大一点。可以吃米饭，但相比成人的还是要软些

注：辅食的状态要根据宝宝口腔发育和咀嚼状况来选择，比如磨牙没有长出来前，就不能给孩子吃小块状的食物，在这点上切勿生搬硬套，也不要盲目比较。

恰当的时机耐心喂食

选择在宝宝心情愉悦、精神状态好的时候添加辅食，而不要在宝宝饥饿或犯困时，因为这会让宝宝变得烦躁。一般可以选择在白天的一次小睡醒来之后喂辅食。

刚开始，宝宝对于新添加的辅食可能会表现出抗拒，比如吐出或溢出，这些都属常见情况。对此妈妈要保持好的情绪，多次耐心地尝试，宝宝才会更顺利地接受。如果孩子对某种食材不喜欢，千万不要强迫喂食，可更换做法或者过一段时间再添加。

出现不适，立刻停止

如果宝宝在吃了某种食物后出现异常情况，如呕吐、腹泻或便秘、出疹子等，要立刻停止喂食，然后观察症状是否得到缓解。如果症状持续不退，要立刻去医院检查。

个性调整，不要照搬

每个宝宝的生长发育状况都有所不同，因此，不要生硬地按照数据和标准来添加辅食。要根据宝宝肠胃消化功能、咀嚼能力的发展水平，以及对食物的接受程度来逐步添加。

辅食 & 主食

宝宝辅食是指除主食之外的所有食物，含液态类和固态类的食物。对于刚添加辅食的宝宝来说，他们主要的食物仍然还是乳类，包括母乳以及配方奶。

与辅食相比，主食（乳类）的脂肪含量高，蛋白质和碳水化合物的含量较低，所以属于高密度高热量的食物。在宝宝一岁半之前仍旧应该以乳类为主，尤其是母乳，辅食只是起到辅助补充的作用。妈妈要注意的是，即使宝宝对辅食再喜欢，也不能喧宾夺主，仍应该优先保证乳类的摄入量，再根据个体的生长发育情况来搭配辅食，灵活调整辅食的结构、状态以及喂养量，以达到最佳的喂养效果。

0~5 个月	母乳或配方奶按需喂养，一日喝奶次数 6~8 次或以上
5~6 个月	一日喝奶次数 4~6 次，每次 180~240 毫升，辅食 1~2 顿进行少量尝试
7~8 个月	一日喝奶次数减至 3 次，每次 200~250 毫升，辅食 2~3 顿
9~12 个月	一日喝奶次数 2~3 次，每次 250~300 毫升，辅食 2~3 顿
12~18 个月	一日喝奶次数 2 次，每次 200~300 毫升，辅食 3~5 顿，可分为早、中、晚餐，上、下午各一顿餐间小食

辅食制作的基本知识

必备工具

1. 制作工具

⟡ 专用砧板和刀：因为切生、熟食要分开，所以最好选用两套砧板和刀具来加工辅食。每次用完后要彻底清洗干净，然后用开水杀菌消毒，在通风处晾干。尽量选择竹、木等天然材质的砧板。

⟡ 辅食料理机：料理机也是使用频率较高的工具，在制作泥糊状辅食、酱料、榨汁、天然调味粉时都要用到。尽量选具备搅拌和研磨功能的。

⟡ 小奶锅：带把手的小奶锅，辅食制作中使用频率很高。一般用来煮和焯。推荐选用厚底的不锈钢锅，不容易烧干糊底。

🐰 平底锅：平底锅适合煎、炒。可以选择铸铁材质或者陶瓷材质的平底锅；若要购买带不粘涂层的平底锅，请选择大品牌以保证涂层质量。

🐰 细筛：不锈钢细筛，主要是过滤掉纤维或碎渣，让泥糊更加细腻，或让汤汁更加纯净。过滤成泥糊时一般搭配调羹来碾压。

🐰 电炖锅：用来为宝宝煲粥、炖汤都很适合，可提前预约，省心省力。还能作为蒸气消毒器来为宝宝的奶瓶和餐具消毒。

🐰 捣碗、捣磨棒：捣碗内壁和捣磨棒前端设计比较粗糙，可以增加摩擦力。捣磨棒与捣碗配合可以将小块煮熟的食物捣烂成泥状。

2. 称量工具

量杯 适用于较多的液体食材，制作辅食推荐 250 毫升的量杯。

一勺的换算标准为
1 大勺 =15ml
1 小勺 =5ml

量勺 适用于少量液体或者粉状食材。量勺一套有 4 只，从大到小分为 1 大勺、1 小勺、1/2 小勺、1/4 小勺。

厨房秤 分机械秤和电子秤。电子秤精确度较高，一般称量范围在 5 千克以内，最小精度 0.1 克。

3. 喂食用品

🐰 婴儿勺：辅食初期要选择较浅的小号尺寸，才能轻松放入宝宝口中。随着宝宝长大，勺子也要逐渐改用中号和大号。建议选择大品牌的硅胶质地婴儿勺。

🐰 围兜：当宝宝愿意自己进食时，围兜就很有必要了。最好是购买下方带有接漏部分的围兜，这样用餐后更便于清洁。可选用柔软质地的硅胶、橡胶、塑料围兜。

婴幼儿餐具：推荐使用陶瓷或食品级不锈钢制成的餐具。对于小宝宝，可选择有隔热层的不锈钢质地餐具。请不要使用塑料餐具装热食。

学饮杯：长期频繁使用奶瓶会导致龋齿。所以当宝宝半岁后，喝水、果汁时，尽量用学饮杯而非奶瓶。可以先用鸭嘴杯，再到吸管杯，逐渐过渡到直接喝。杯身和杯嘴的材料都要不含双酚 A 且耐热度高的。

4. 保存用品

保鲜盒：推荐使用耐热玻璃制成的保鲜盒。可用来保存辅食、酸奶等，冷藏保存 1~2 天。

冰格：如果没有时间经常制作辅食，可一次性多做些。比如肉泥、高汤等，用带小格的冰格来装，放在冰箱冷冻可保存 5~7 天。随用随取，方便卫生。

玻璃瓶：适合用来保存自制酱料、调味料等。

> **Point** 所有的保存容器都要提前清洗干净，无油无水。

食物处理方法

烹饪方法

蒸 用蒸气加热食物。尤其适用于鱼虾、禽畜肉、富含淀粉的食材等，能够保留食材原味和营养，使菜品清淡可口。辅食制作常用方法之一。

煮 把食材放入较大量的清水或汤汁中，加热至熟。最常见的烹饪方法之一。

焯 把食材放入沸水里略煮，断生即捞出。一般为海鲜、肉类、蔬菜类食材的前期加工方法。

炒 将食材在锅内快速翻拌，大火或中火

突出的树猬回松软可口，是宝宝的最爱。

短时间内变熟。辅食中的炒，宜用少量油或水来作为介质。

🔥 煎 用少量油及小火将食材加热至熟。辅食制作中，可以用少量煎的方式，来吸引宝宝对辅食的喜爱。煎好的食物表层金黄，口感香脆。相比炸的方式用油少，更加健康。

加工方法

🥄 切、剁：用刀将食物剁碎或切碎到适宜大小后，再用蒸、煮等烹饪方法加工至熟。

🥄 细筛碾压过滤：工具为不锈钢细筛和调羹。将食材蒸熟或煮熟后，放在细筛上碾压过滤，去除宝宝不易消化的纤维，使食物质地更细腻。一般在宝宝添加辅食的初期阶段常用。

🥄 料理机搅拌：工具为料理机及搅拌杯，适用于将水分较多的食材处理成糊状或汁水状。这种方法在宝宝 6~8 个月期间会经常用到。

🥄 料理机研磨：工具为料理机及研磨杯，适用于将干性食材打磨成细粉。比如制作天然调味料。

🥄 捣磨：用捣碗或者捣磨棒捣碎和磨细食材。可以调节辅食块状大小。

🥄 磨盘研磨：工具为磨盘，适合将少量蔬菜或水果磨成泥状。一般在宝宝刚添加辅食时使用这种方法，量少且不易破坏维生素。

基础原料介绍

1. 面粉

按蛋白质含量高低可分为高筋面粉、中筋面粉、低筋面粉。筋度越高的面粉吸水量越高。

🥄 高筋面粉：蛋白质含量在 12%~15%，颜色相对较深、光滑，手抓不易成团，适合做面包、起酥点心等。市售面包粉、特级精白粉都属于高筋面粉。

　　中筋面粉：蛋白质含量在 9%~11%，色乳白、半松散，适合做各种中式面点，比如馒头、包子、饺子、面条等，口感筋道或是滑爽。最常见的面粉一般就指中筋面粉。

　　低筋面粉：蛋白质含量在 7%~9%，颜色白、手抓易成团，适合做蛋糕、饼干、糕点等松软或酥脆口感的点心。

　　全麦面粉：是整粒小麦（包含麸皮与胚芽）磨成的粉。全麦面粉含大量的 B 族维生素、维生素 E、钾、硒和铁、锌等微量元素，比普通面粉的营养要高很多。全麦面粉可与普通面粉搭配做成面包或饼干，麦香味浓郁。1 岁以上宝宝可适当食用。

2. 奶酪

　　含丰富的蛋白质、钙、脂肪、磷和维生素以及乳酸菌等。因为浓度高接近固体，营养价值比酸奶更高。奶酪的品种繁多，下面介绍一些国内家庭常用的奶酪。

又称芝士，是天然发酵而成的浓缩牛奶制品。

　　奶油奶酪（cream cheese）：未成熟全脂奶酪，质地细腻口味柔和。适合用来制作乳酪蛋糕等。自制奶油奶酪可以通过浓稠酸奶沥去乳清所得。

　　马苏里拉奶酪（Mozzarella cheese）：意大利的一种淡味奶酪。质地坚韧而细腻，可以拉长丝，主要用于比萨和焗饭菜类。

　　巴马臣奶酪（Parmesan cheese）：意大利最出名和最重要的硬奶酪。将这种奶酪磨成粉后，在西餐中可以撒在意粉、烩食或浓汤表面增加风味。这种奶酪粉味道较咸，要注意摄入量。

再制奶酪（Processed cheese）：这种奶酪采用天然奶酪制成，不过会加入适量添加剂、水和其他奶类原料。其质地较软，营养价值高。市售片状奶酪就是再制奶酪。

3. 吉利丁

又称明胶或鱼胶，它是从动物的骨头（多为牛骨或鱼骨）中提炼出来的胶质，主要成分为蛋白质。吉利丁广泛用于慕斯蛋糕、布丁、果冻等的制作中，主要起凝结的作用。

吉利丁分片状和粉状两种，前者呈半透明状，后者呈白色粉状，两者功效完全一样，按克数来使用。

> **Point**
>
> ★ 使用前要用冷水或冰水浸泡软化；
>
> ★ 加入吉利丁的溶液不能加热至沸腾，否则会导致失效；
>
> ★ 做好的点心要冷藏，否则易于融化；
>
> ★ 吉利丁须存放于干燥处，否则会受潮黏结。

制作面食的基本技巧

1. 食品膨松剂

常用食品膨松剂有酵母、小苏打、泡打粉。

酵母：纯天然生物膨松剂，发酵时间相对较长，对环境的温度和湿度要求高。但经过酵母发酵的食物比如面包、馒头等，更加健康、天然、美味。酵母发酵是本书唯一推荐的发酵方法。

小苏打和泡打粉：化学膨松剂，有快速、稳定的效果，但从健康因素和天然风味考虑，若是家庭制作发酵面团尤其当对象是宝宝时，不建议使用。

2. 酵母发酵

酵母除了富含蛋白质、碳水化合物、脂类以外，还富含多种维生素、矿物质和酶类。酵母分鲜酵母和干酵母，两者使用比例不同。

Point

★适合酵母发酵的温度为 28¯30℃，低于 5℃或高于 60℃，都会使酵母死亡；

★糖分高有助于发酵，油脂不利于发酵；

★酵母越多发酵速度越快，湿度大也有利于发酵；

★发酵好的面团体积膨胀至原始面团的 2¯2.5 倍，用手指轻按面团，产生的洞不回缩，内部有大量细小均匀孔洞，且有明显的酵母香气。

3. 和面

可用机器或手工。机器一般用面包机或者厨师机，这里简单介绍手工和面，适合面粉较少的情况。

Point

★面粉先加入干性材料（若需酵母，建议先将其溶于温水，再倒入面粉）；

★向面粉中慢慢倒入水，水量不要一次按照食谱量全部倒完，倒水的同时用筷子搅拌面团；

★等干面粉呈雪花状面片时，改用手不断抓揉、按压面片，让面片凝合成光滑面团；

★如需制作筋度较高的面点比如面包，还需要一定时间搓揉、摔打面团；

★揉面团、擀面片以及做面点造型的过程中适当撒干面粉，保持干燥顺滑以免粘连。

宝宝不挑食的秘诀

初期辅食口味清淡

先从口味淡的食物开始，过渡到口味稍重的食物。口味稍重是指食物本身味道较浓郁，而不是通过添加调味品得到的重口味。比如给宝宝添加水果，最初的选择是不要过甜或过酸，或者用温水稀释。

从小培养宝宝清淡口味，不容易产生偏食、挑食现象，有助于良好饮食习惯的形成。

1 岁内不主动添加盐和糖，各种调味品也要晚些添加。

中期开始，辅食食材丰富化，味道多样化

随着宝宝逐渐长大，辅食种类不断增加，食物的味道也变得多样化。

新鲜天然的各种荤素食材，可以在宝宝逐步接纳且没有过敏反应的前提下尽量丰富多样，搭配起来制作。还可利用一些有特殊味道的食材，比如洋葱、彩椒、番茄、菠萝等来为辅食增添不同的口味。

食材和味道趋于多样化，除了保证营养丰富全面之外，也为宝宝将来接受多种口味的食物打下基础。

辅食调料添加表

调料种类		添加月龄和具体情况
姜、葱		宝宝 9 个月之后，制作辅食的过程中可酌情添加少量姜片、葱段，能去除鱼、肉类的腥味，也便于食用前挑出
洋葱		7 个月开始，可以适量添加，洋葱煮熟后味道甘甜，无刺激性
油	植物油（橄榄油、玉米油、花生油、芝麻油等）	5 个月开始少量添加
	动物油（黄油、猪油等）	1 岁开始少量添加
胡椒粉		1 岁半开始少量添加
酱油（生抽、老抽）		1 岁开始少量添加
盐		1 岁开始少量
糖		1 岁开始少量

注：推荐 1 岁以内的宝宝食用橄榄油，口味清淡，利于健康；1 岁以后为了丰富辅食的口味，制作某些菜的过程中需要用到酱油调味，要选用低盐酱油，少量添加。

让辅食拥有缤纷的色彩和可爱的造型

小家伙们天生喜欢缤纷的色彩和可爱的造型。妈妈们可以根据食材自带的颜色，把辅食设计得格外抢眼。可将辅食的造型做得生动可爱，比如一颗小红心，或做成萌萌的小动物模样。这些做菜的小心思既发挥了妈妈的无限创意，又提高了宝宝的食欲，宝宝都"垂涎欲滴"了，哪还有工夫挑食呢。

让宝宝接受不喜欢食材的办法

添加辅食的过程中，可能会遇到一些食材宝宝不太喜欢，在确认不是因为过敏引起的抗拒后，妈妈可以尝试用以下办法来让宝宝接受。

1. 粉身碎骨法

将食材压碎成泥末状，与宝宝喜欢的泥糊混合。或者混入肉末中，做成肉饼、肉丸、面食的肉馅等，以增加宝宝的接受度。

2. 改头换面法

将食材改变形状，比如米饭做成寿司或小饭团。或者做出可爱的造型，设计一幅画面，让孩子吃一顿"有故事"的美餐。

3. 循循诱导法

对大一点的宝宝，可以告诉他这种菜的营养价值，对身体的好处。当孩子明白这是益于健康的食物时，主观上就会更容易接受。

从便便看宝宝的健康

宝宝的便便可以反映出辅食在体内消化和吸收的情况，所以注意观察和分辨便便的状态，也能及时掌握宝宝对辅食的接受程度，以及宝宝身体的健康状况。

正常的便便

母乳喂养的新生儿便便都比较稀，呈糊状或水样，可能会有黏液和奶瓣，颜色呈金黄色、黄色，没有明显臭味。次数也比较多，一天内 6~7 次，甚至更多。2~3 个月后，便便会变厚但不干硬，次数也会减少。配方奶喂养的宝宝便便相对比较干燥，一般是黄色，奶粉里如果含铁量高也会呈现绿色。添加辅食之后，宝宝的粪便会慢慢形成条状，颜色一般为深棕色，也可能随辅食颜色变化。1~2 天排便一次，或者 3 天排便一次都是正常的。

几种问题便便

1. 蛋花样便便

便便黄色，呈蛋花样，水分多，粪质少，这表示宝宝可能有病毒性肠炎了，多发于 4 个月后的宝宝。

2. 豆腐渣样便便

便便为黄绿色带黏液的稀便，有时呈"豆腐渣"样，这表示宝宝可能有霉菌性肠炎了。

3. 白陶土样便便（米色、白色、淡黄色）

正常的便便因为含有胆汁，所以会呈现黄色或绿色，但如果呈灰白色，看上去像白陶土，这说明宝宝的胆道阻塞，胆汁不能流入肠道，要立即就医。

4. 带血便便

根据便便带血的颜色可以判断大概出血的位置。如果是上消化道的出血，像是胃或十二指肠出血，颜色就会是黑色的。越高位的肠胃道出血，便便的颜色会越黑，越接近肛门的出血，便便颜色越鲜红，而中间段肠胃道出血，便便则会呈现暗红色或是咖啡色。

妈妈们要知道的

自制辅食、市售辅食哪种好

尽管市售辅食方便、省时，但较之天然食材某些营养素还是有损失，比如维生素和纤维素等。而且市售辅食没有家庭的特色风味，经常食用不利于宝宝今后适应家庭自制食物。不过在宝宝接受辅食初期，为了确保必要营养素的补充，市售的婴儿米粉是推荐之选。建议选购安全、有信誉的米粉品牌。

建议家长们自己制作辅食，也能让宝贝感受到爱的呵护。

自制辅食相对来说要花稍多的时间和精力去制作和搭配。但无论是营养素、新鲜程度，以及风味口感，都比市售辅食要完善和丰富。何况，自制辅食也没有想象中那么复杂，准备好食材，按照科学的食谱完全可以轻松做出新鲜营养又适合宝宝的美味辅食。

培养宝宝饮食习惯的几个原则

1. 食物种类丰富多样

要尽量广泛地摄取不同的食物，包括粮食类（注意粗细搭配）、蔬菜、豆类、肉蛋类、鱼类、水果、油等。保证营养全面的同时，也可以搭配出不同的风味，让宝宝从小对各种食材都接纳。

2. 饮食清淡，少调味料

少油，以免增加肥胖风险；少盐，盐会影响血压，增加肾脏的负荷；少糖，糖过多摄入会引发肥胖和龋齿。

3. 吃饭要细嚼慢咽，专心致志

即使宝宝再饿，也要引导他慢慢吃，狼吞虎咽不利于消化和吸收，也容易造成噎呛的危险。吃饭时切忌边吃边玩，也不要说话和大笑，关掉电视机，培养宝宝专心吃饭的习惯。

4. 创造安静、干净、温馨的进餐环境

尽早让孩子与大人同桌吃饭，感受家庭聚餐的温馨氛围。饭前擦擦小手，吃饭时保持愉快心情。

怎样烹饪能避免营养流失

妈妈只要掌握正确合理的烹饪方法,就可以尽量保留食材的营养成分。

1. 米、面等主食

煮饭煮粥前,淘米的次数和浸泡的时间不要多,否则水溶性维生素和无机盐会损失。做面食和煮粥不要加碱,不然会破坏维生素 B_1 和维生素 C。淀粉类食物尽量不要油炸,油炸过程中不但营养被破坏,还容易产生致癌物质。尽量以蒸、煮、烙的方法处理米、面等主食。

2. 蔬菜

蔬菜中含有丰富的水溶性维生素,包括 B 族维生素,维生素 C 和无机盐等。蔬菜切小或切薄后,无论冲洗还是焯水,这些营养素都会大量丢失。因此,建议整颗菜清洗,且不宜久洗久泡。含草酸的蔬菜(例如菠菜)适当焯水;含脂溶性维生素的蔬菜(例如胡萝卜、番茄),则需要先加入油烹饪,才易于吸收。

再新鲜的菜放置时间久也会有营养损耗,做熟的菜放久了则会产生亚硝酸盐。因此,较为健康的方式是现切现炒,现做现吃,更要避免较长时间的保温和反复加热。

3. 肉类(包括鱼虾类)

对于 1 岁以内的宝宝来说,肉类适合炖煮软烂后处理成肉泥或者肉末食用,相比其他烹饪方式更易于消化吸收。在炖骨头汤时可以滴入几滴醋,能让骨头中的钙质更好地溶解。待宝宝再大一些,可以用清蒸的方法来烹饪肉类,或者用大火快炒切薄的肉片。

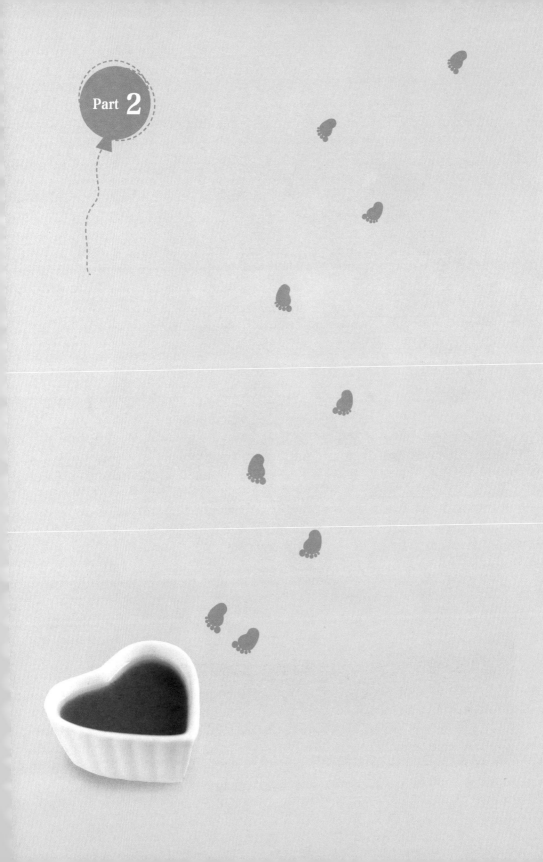

Part 2

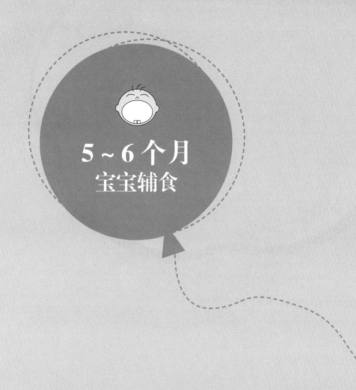

5～6个月
宝宝辅食

★ 5-6个月属于宝宝吞咽期，以母乳或配方奶为主食，逐渐添加泥糊状辅食，如米粉、稀粥、菜泥果泥等，由稀到浓。较稠或较甜的泥糊辅食可以加温水来调节浓度，以适应宝宝当前的状态。

★ 每日添加辅食1-2次，在宝宝精神状态好时，哺乳前喂，养成规律选固定时间喂哺。

★ 第一次辅食量要从1匙尖起，根据宝宝接受情况，逐渐加量。

★ 单一增加新食材，观察3天后，无不良反应可继续添加新品种。

★ 食材做成泥糊状，一般可用研磨、捣碎或者料理机搅拌这几种处理方法。

第一口，从米粉、米糊开始

米粉

难度指数：★

市售的米粉，一般会强制添加铁元素，这对 5~6 个月的宝宝是必需的，因为 4 个月起母体中携带的铁元素已经差不多用光。

  小布比较推荐家长购买品牌信誉好的米粉，品质更有保障。每种米粉调配的水量和方法略有不同，应按照米粉外包装的配比说明进行操作。但对于第一次接触辅食的宝宝来说，可先将米粉调制得稀一些（婴儿匙一匙的量即可），尝试在宝宝精神好的时候喂食。如果宝宝接受了，可以逐步增加浓度，直到配比说明所建议的米粉和水的比例。

  米粉一般是用温开水来冲调，也可用母乳或冲调好的婴儿配方奶，能适当补充宝宝蛋白质的摄入，但注意冲调时不要过浓，以免影响宝宝胃肠道的消化吸收。制作花样米粉时，还可在其中加入较稀的新鲜蔬果糊（汁），以补充微量元素和纤维素。

难度指数：★

米糊

自制米糊是很多家庭的选择，制作方便简单，取材新鲜。不过为了宝宝全面的营养，建议与含铁的米粉轮换食用。

【食材】 大米、黑米、小米各 25 克

 Start！ （以大米糊为例）

1. 大米淘净，加 3 倍水提前浸泡 1~2 小时；

2. 将大米连同浸泡的水一起倒入料理机，打成无明显颗粒的米浆；

3. 米浆倒入小锅内，小火边煮边搅拌，至米浆呈稠糊状关火；

4. 将米糊倒入细筛中过滤，得到细腻米糊即可。

 小·布的叮咛

♥ 参照同样的方法，可以制作黑米米糊、小米米糊（小米可不用提前浸泡）。

♥ 基本米糊的基础上，可以逐步添加各种蔬菜泥、水果泥，让营养和口感变得更丰富。

菜泥果泥，初尝味道 •

青菜泥

难度指数：★

青菜又名小白菜、油菜，是十字花科植物油菜的嫩茎叶。青菜富含维生素C、维生素B₁、维生素B₂等多种维生素，以及钙和膳食纤维，常吃可帮助宝宝提高免疫力，润肠通便。

【食材】 青菜嫩叶30克

 **Start！**

1. 青菜嫩叶洗净，入沸水焯2分钟；
2. 捞起焯好的青菜嫩叶，剁成碎末；
3. 将青菜碎倒入细筛，用匙背慢慢碾压过筛至泥状即可。

 小布的叮咛

♥选择柔嫩的青菜绿叶，白色菜秆暂时不给刚添加辅食的宝宝吃。

♥青菜煮之前不要剁碎，避免营养的流失。

♥建议搭配婴儿米粉一起食用，营养更全面。

难度指数：★

土豆泥

土豆是一种以淀粉为主，含有丰富维生素 C 和钙、钾的理想辅食食材，建议搭配含铁丰富的米粉和蔬菜一起食用，能促进宝宝全面成长。

【食材】 土豆 80 克，母乳（婴儿配方奶）适量

 Start！

1. 土豆洗净，去皮后切成薄片，入锅内大火隔水蒸 15 分钟；

2. 将蒸软的土豆片用匙背在细筛上碾压至细腻泥状；

3. 土豆泥中调入母乳或配方奶，搅拌均匀即可。

 小·布的叮咛

♥ 土豆选择表皮光滑紧实、无芽眼的；如土豆发芽了或表皮呈青色，内里有黑心黑斑，都含有毒性的茄碱，一定不要给宝宝食用。

♥ 搭配母乳是为了调节土豆泥的浓稀，刚接触辅食的宝宝可调得稀一点。

苹果泥

难度指数：★

苹果含有多种果酸、果胶以及钙、铁、锌等微量元素。苹果生吃能生津止渴，清热除烦，蒸熟的苹果泥则具有收敛止泻的功效，易于消化，更适合刚添加辅食的婴儿。

【食材】 苹果 1 个

 Start !

1. 苹果洗净，去皮后切成小丁，入锅内隔水蒸 15 分钟；

2. 将蒸软的苹果块用匙背在细筛上碾压，滤除较粗纤维；

3. 添加适量温开水，调成适合现阶段宝宝食用的果泥即可。

 小布的叮咛

♥ 选质地粉糯的苹果品种更适合婴儿食用，比如蛇果或黄元帅。

♥ 苹果泥口感较甜，除了加水调稀外，也可以搭配米粉或大米米糊食用。

♥ 有便秘症状的宝宝不建议吃熟苹果泥；宝宝 7 个月之后，可将生苹果刮成泥喂食。

难度指数：★

青菜红薯糊

红薯是维生素 A 的主要植物来源之一，红薯含有较多的纤维素，能促进胃肠蠕动，预防便秘，宝宝可以适量食用。

【食材】 青菜嫩叶 15 克，红薯、大米米糊各 50 克

 Start！

1. 青菜嫩叶洗净，入沸水焯 2 分钟，捞起；

2. 红薯洗净，去皮后切成薄片，入锅内隔水蒸 20 分钟；

3. 将处理好的嫩叶、红薯片倒入料理机打成稀糊状，再与米糊拌匀即可。

 小·布的叮咛

♥大米米糊建议自制，具体做法参照 P35。

♥红薯挑选外表光滑干净、坚硬手感沉的，发了芽的红薯切勿食用。

♥如果料理机功率比较小，建议打成糊后再过一次细筛。

♥消化不好、容易胀气的宝宝不适合食用红薯。

香蕉红薯泥

难度指数：★

香蕉含丰富的碳水化合物、蛋白质、膳食纤维、钾、磷和维生素 A、维生素 C，宝宝适量食用有润肠通便、润肺止咳、清热解毒的功效。

【食材】 香蕉 35 克，红薯 50 克，母乳（婴儿配方奶）适量

 Start！

1. 红薯洗净，去皮后切成薄片，入锅内隔水蒸 20 分钟；

2. 将蒸软的红薯片捣成泥后过细筛，加入母乳或配方奶调至糊状；

3. 香蕉剥皮，用小匙刮出适量细泥，拌入红薯糊中即可。

 小·布的叮咛

♥香蕉一定要熟透的，以表皮起少许黑色斑点、气味香的为佳。

♥香蕉容易氧化，刮成泥后请尽快与红薯糊拌匀食用。

难度指数：★

紫薯米糊

紫薯较之红薯，富含花青素、硒以及铁等营养元素，且纤维素含量很高，宝宝适量食用，有补铁润肠的功效。

【食材】 紫薯 50 克，大米 20 克

 **Start !**

1. 大米淘净，提前浸泡 1 小时；

2. 紫薯洗净，去皮后切小块，与泡好的大米一起加水 300 毫升煮成软粥；

3. 将紫薯粥倒入料理机，打成糊状即可。

 小布的叮咛

♥ 紫薯去皮时可以多削掉一点，因为皮和头尾部分含较多粗纤维，不利于宝宝消化。

♥ 紫薯同红薯一样，消化不好、容易胀气的宝宝尽量避免食用。

西葫芦土豆糊

难度指数：★

西葫芦含水丰富，含磷、铁、维生素A和维生素C，含钠量则偏低。中医认为西葫芦可清热利尿，除烦止渴，润肺止咳。

【食材】 西葫芦20克，土豆50克，大米粥65克

 **Start！**

1. 西葫芦、土豆分别洗净，去皮后切成小块，入锅内隔水蒸15分钟；

2. 将蒸软的西葫芦块、土豆块倒入料理机，加入大米粥，打成糊状即可。

 **小·布的叮咛**

♥ 西葫芦挑选表皮光洁、手感略软嫩的，皮硬的代表肉质偏老。

♥ 也可以将西葫芦块、土豆块打成糊状后，与大米米糊（具体做法参照P35）或冲调好的婴儿米粉拌匀食用。

难度指数：★

胡萝卜苹果米糊

苹果所含的果胶和苹果酸可以保护肠壁，活化肠内有益菌，提高胃液分泌，而且富含维生素 A。宝宝常吃胡萝卜苹果米糊，可以促进视力发育、促进消化、预防便秘。

【食材】 胡萝卜 20 克，苹果 40 克，大米米糊 100 克，橄榄油 1~2 滴

 **Start！**

1. 胡萝卜洗净，去皮后切成薄片，滴入油；

2. 苹果洗净，去皮后切成薄片；

3. 胡萝卜片、苹果片入锅内，隔水蒸 15 分钟；

4. 将蒸好的蔬果片分别用匙背碾压过筛，再与米糊拌匀即可。

 **小·布的叮咛**

♥大米米糊建议自制，具体做法参照 P35。

♥滴少许油能让胡萝卜中的维生素 A 更易被宝宝吸收。

♥对于刚添加辅食的宝宝来说，苹果最好蒸熟再吃。

荸荠山药糊

荸荠中磷的含量是根茎蔬菜中最高的，它能促进宝宝牙齿骨骼的正常发育，维持宝宝体内碳水化合物、脂肪、蛋白质三大物质的正常代谢，并调节酸碱平衡。

难度指数：★

【食材】荸荠、铁棍山药各 75 克

1. 荸荠、山药分别洗净，去皮后切成小块；
2. 荸荠块、山药块入锅内，加水 400 毫升炖煮 20 分钟；
3. 将煮好的蔬菜块连同汤水一起倒入料理机，打成细腻糊状即可。

 小·布的叮咛

♥ 荸荠要挑选外表干净无腐烂、手感相对略重的，较为新鲜。

♥ 山药种类较多，其中铁棍山药口感粉糯，更适合作为宝宝辅食食材。

♥ 给山药去皮时最好戴上手套，以免引起皮肤过敏症状。

南瓜米粉 难度指数：★

南瓜含有对宝宝身体有益的许多营养成分，如类胡萝卜素、维生素C、多糖、果胶等。

【食材】

南瓜 80 克
婴儿米粉 25 克

 Start！

1. 南瓜洗净，去皮、籽后切成小片，入锅内隔水蒸 15 分钟；
2. 将蒸软的南瓜片用匙背碾压过细筛至泥状；
3. 米粉用温开水调成糊状，再加入南瓜泥搅拌均匀即可。

 小·布的叮咛

♥建议挑选老南瓜，香甜软糯、口感佳，老南瓜皮内侧有翠绿
的边，籽饱满大颗。

难度指数：★

苹果山药米粉

山药的蛋白质含量比一般根茎类食物要高，热量却比较低。它含多种益于宝宝健康的营养成分，比如淀粉酶可促进消化，黏蛋白可保护细胞壁，胆碱能增强脑神经传递功能。

【食材】

铁棍山药 70 克
苹果 50 克
婴儿米粉 15 克

 Start！

1. 山药、苹果洗净，去皮后切小块，入锅内隔水蒸 15 分钟；

2. 将熟山药块倒入料理机，加温开水 150 毫升打成糊；

3. 米粉用温开水调成糊，与山药糊一起拌匀；

4. 将熟苹果块用小匙刮出适量细泥，拌入山药米粉糊中即可。

 小布的叮咛

♥ 蒸熟的苹果山药泥具有收敛作用，可用于止泻，大便干燥的

宝宝应避免食用。

西蓝花胡萝卜米粉

难度指数：★

西蓝花的维生素 C 含量丰富，宝宝常吃可以提高身体免疫力，增强肝脏解毒功能，预防感冒和多种疾病。

【食材】 西蓝花、胡萝卜各 15 克，婴儿米粉 25 克，橄榄油 1~2 滴

 **Start！**

1. 胡萝卜去皮切片，滴入油，西蓝花用淡盐水浸泡 10 分钟，捞出切小朵；

2. 处理过的胡萝卜片、西蓝花朵入锅内，加水 100 毫升炖煮至熟烂；

3. 将煮好的蔬菜连同汤水一起倒入料理机打成糊状，再加入米粉拌匀即可。

 **小·布的叮咛**

♥ 西蓝花提前用淡盐水浸泡可以去虫，尽量取小朵柔嫩的部分来制作辅食；制作时不宜久煮，否则会过于软烂颜色发黄。

♥ 也可以用白色菜花替代西蓝花，但相较之下，西蓝花的胡萝卜素含量更高。

黄瓜白菜米粉

黄瓜富含维生素 C 和 B 族维生素，白菜是植物中维生素 A、钙、钾较好的来源。黄瓜白菜米粉可以为宝宝补充多种维生素和膳食纤维，有清热解暑、润肠排毒的功效。

【食材】 黄瓜 30 克，白菜嫩叶 20 克，婴儿米粉 25 克

 **Start！**

1. 黄瓜洗净，去皮、籽后切成小段，白菜嫩叶洗净；

2. 黄瓜段、白菜叶一起入锅，加水 100 毫升煮沸后关火；

3. 将煮好的蔬菜连同汤水一起倒入料理机搅打成菜汁，再加入米粉，充分拌匀即可。

 小·布的叮咛

♥ 白菜应挑选紧实、嫩绿、饱满的，而黄瓜挑选表皮上有较多小刺的比较新鲜。

♥ 黄瓜的皮和籽不适合刚接触辅食的宝宝，满 7 个月的宝宝可以连皮食用。

牛油果紫薯米粉

牛油果素有森林奶油的美称，它含有较高的不饱和脂肪酸、蛋白质，以及维生素A、维生素C、维生素E等多种益于宝宝成长的维生素和钠、钾、镁、钙等重要的矿物质。

难度指数：★

【食材】紫薯 50 克，牛油果 1 只（果肉约 15 克），婴儿米粉 25 克，母乳（或温开水）80 毫升

 Start！

1. 紫薯洗净，去皮后切成薄片，入锅内隔水蒸 20 分钟；

2. 将蒸熟的紫薯片用匙背在细筛上慢慢碾压成泥；

3. 米粉用母乳或温开水调成糊状，再加入紫薯泥拌匀；

4. 牛油果用小匙刮出果肉泥，点缀在紫薯米粉上即可。

小布的叮咛

♥牛油果一般在大超市有售，建议挑选熟透的（外皮呈黑色，捏起来有点软），如果是外皮呈绿色或棕绿色、手感偏硬的，请不要挑选。

♥切牛油果时，用刀从外部绕牛油果核切一圈刀痕，两手一扭动就能掰开两边的果肉；牛油果肉容易氧化，建议切开后尽快食用。

冬瓜苋菜米粉

冬瓜有清热利尿、祛湿消肿的作用，苋菜则富含钙、铁、磷等宝宝成长所需微量元素，且易于吸收，这是道理想的夏季辅食。

难度指数：★

【食材】

冬瓜 65 克

红苋菜嫩叶 15 克

婴儿米粉 25 克

 **Start !**

1. 红苋菜嫩叶洗净，加水 85 毫升煮沸后关火，沥出嫩叶，菜汁留用；

2. 将嫩叶剁碎，用匙背碾压过筛至泥状；

3. 冬瓜洗净，去皮、籽后切薄片，入锅内隔水蒸 10 分钟至熟，再用匙背压成泥；

4. 米粉用苋菜汁调成糊状，再加入嫩叶泥、冬瓜泥搅拌均匀即可。

 小·布的叮咛

♥ 冬瓜挑选外形匀称、无斑点、肉质较厚、瓜瓤少、分量重的。

♥ 选购红苋菜时，可以轻揉叶片，手感柔软的比较嫩。

♥ 红苋菜只有经过水煮，天然红色素才能释放出来。

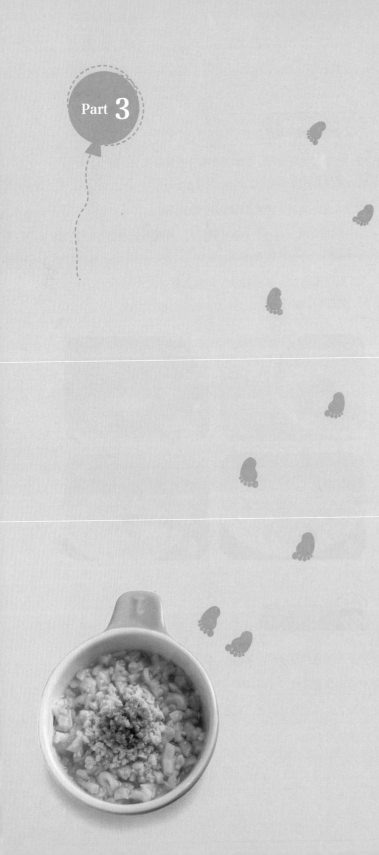

Part 3

7~8个月
宝宝辅食

★ 7-8个月属于宝宝蠕嚼期，这阶段口腔处理食物的方式是用舌头挤碎。

★ 每日添加辅食2-3次，母乳或配方奶次数减少1次，辅食开始添加质地细软的肉泥、肝泥、蛋黄或自制烂面条。

★ 要注意铁、钙、B族维生素等微量元素的补充。

★ 用高汤替代清水制作辅食，增加鲜美度吸引宝宝进食。

★ 宝宝出现用手抓食物、抓勺子，表明想独立进食，这时要鼓励他们自己抓握，培养主动进食的好习惯。

蛋黄牛肉，开小荤•

蛋黄泥

难度指数：★

蛋黄含丰富的DHA和卵磷脂，对宝宝神经系统和身体的发育都有很大帮助。蛋黄中微量元素也很丰富，如铁、钙、钾等，所以蛋黄是理想的辅食，建议蛋黄泥搭配泥糊类主食一起食用。

【食材】 鸡蛋1枚

 **Start！**

1. 整鸡蛋入锅，加水适量，小火加盖煮沸后8分钟关火；

2. 剥开蛋壳，取蛋黄，用匙背直接压成细末；

3. 蛋黄末中少量多次加入温开水，调至稠度适中的泥状即可。

 小·布的叮咛

♥选购新鲜鸡蛋可以参考这些标准：蛋壳无光泽、有白霜样，轻轻摇晃里面没有晃动的声音。

♥7个月以上的宝宝可以吃蛋黄了，但是蛋白还是要到1岁后再添加。

♥便秘的宝宝最好不要吃蛋黄泥，选择蒸蛋黄更适宜。

难度指数：★★

蒸蛋黄

蒸蛋黄比蛋黄泥口感要细嫩滑润，有更好的润肠通便功效。

【食材】 蛋黄1个

 **Start！**

1. 蛋黄均匀打散，加3倍水，用筷子反复搅拌至蛋黄液出现许多细小泡沫；

2. 蒸锅中待水烧沸，将装蛋液的碗放上蒸架，大火蒸5~8分钟至蛋液凝固即可。

 小布的叮咛

♥分离蛋黄小妙招：蛋壳敲开两半，下面放一只小碗，将半只蛋壳中的蛋黄和蛋白倒入另半只空蛋壳，蛋白会顺势流到碗中，而蛋黄则继续留在蛋壳内，反复操作几次即可。

♥要蒸出滑嫩的蛋，蛋液和水的比例控制在1:3~1:2为佳。

蛋黄青菜米粉

难度指数：★

蛋黄青菜米粉含碳水化合物、卵磷脂、铁以及多种维生素、膳食纤维等营养素，易于宝宝的消化吸收。

【食材】 鸡蛋1枚，青菜嫩叶15克，婴儿米粉25克

 **Start！**

1. 鸡蛋煮熟后，剥壳取蛋黄，蛋黄用匙背过筛压成细末；

2. 青菜嫩叶洗净后入沸水焯2分钟，捞起剁碎；

3. 米粉用温开水调成糊状，加入蛋黄末、青菜碎拌匀即可。

 **小·布的叮咛**

♥蛋黄有多种制作方法（见蛋黄泥 P56，蒸蛋黄 P57），可以灵活选择。

♥青菜叶也可以换成其他蔬菜叶，建议选择营养较好的深色菜叶。

难度指数：★★

豌豆鸡肉泥

鸡肉是优质蛋白质的来源，脂肪含量低，富含磷、铁、铜、锌以及B族维生素、维生素D、维生素K等多种营养素。这道辅食营养丰富，易于消化吸收，对宝宝生长发育有很大帮助。

【食材】 鸡胸肉150克，豌豆50克，洋葱35克，橄榄油3毫升

 **Start！**

1. 鸡胸肉、洋葱分别洗净，切成小丁，豌豆洗净；
2. 锅内放油，倒入洋葱丁爆香，再加鸡丁、豌豆翻炒片刻；
3. 锅中加水适量，小火焖煮10分钟至鸡肉软烂；
4. 将锅中食材连同汤汁一起倒入料理机，打成泥糊状即可。

 小·布的叮咛

♥ 最好选择新鲜鸡胸肉，而非冷冻品，新鲜鸡肉较易变质，买回后应尽快烹饪。

♥ 豌豆可能引起过敏，对其过敏的宝宝应晚几个月再试食。

♥ 可每次做多些放入冰格冷冻，待食时加热，搭配主食类喂给宝宝。

萝卜牛肉碎

萝卜牛肉碎可以提供宝宝丰富的蛋白质，以及铁、钾等多种维生素和膳食纤维，有补中益气、健胃消食的功效。

难度指数：★★

【食材】

牛里脊肉 150 克

白萝卜 200 克

 **Start！**

1. 牛肉剔除筋膜，入沸水汆 2 分钟，捞出；

2. 将牛肉、白萝卜分别洗净，切成小块，倒入锅中；

3. 锅中加入适量水，加盖炖煮至牛肉软烂；

4. 捞出炖熟的牛肉块、白萝卜块，晾温后用剪刀剪成碎末即可。

 小·布的叮咛

加油哟！

♥牛肉挑选细嫩的部位，嫩牛肉色泽浅红、纹理细，推荐里脊肉。

♥白萝卜宜挑选外表光滑、坚实脆嫩的，比较新鲜。

胡萝卜猪肝泥

猪肝富含蛋白质和维生素A，还含有较多的铁、钙、磷及维生素 B_1、维生素 B_2 等，定期给宝宝食用胡萝卜猪肝泥，可以有效预防缺铁性贫血和维生素A缺乏症。

难度指数：★★

【食材】

猪肝 100 克

胡萝卜 60 克

洋葱 30 克

芹菜 10 克

橄榄油 2 毫升

 **Start！**

1. 猪肝剔除筋膜，浸泡 20 分钟后，入沸水汆 2 分钟，捞起沥干，切成小块；

2. 胡萝卜、洋葱、芹菜分别洗净，切成小丁；

3. 锅内放油，倒入蔬菜丁翻炒至香，再加入猪肝块和水，小火焖煮 10 分钟至食材变软；

4. 将锅中食材连同汤汁一起倒入料理机，打成细腻泥糊状即可。

 小·布的叮咛

♥可每次多做些放入冰格冷冻，吃时取出一小格（不超过 20 克）加热，搭配米粉、粥类以及烂面等，2 周内吃完。

能喝美味的稠粥了·

枣泥黑米糊   难度指数：★

由于黑米加工不太精细，所以保留的 B 族维生素等微量元素较多，黑米还富含花青素，有较好的抗氧化作用，口感清香微甜。

【食材】 黑米、枣泥馅各 30 克，大米 15 克

 **Start !**

1. 黑米、大米分别淘净，提前浸泡 3~5 小时；

2. 锅中加 3 倍水，大火炖煮至米粒软烂开花；

3. 将煮好的米粥倒入料理机，打成无明显颗粒的糊状；

4. 米糊中加入枣泥馅，搅拌均匀后再煮 5 分钟即可。

 小·布的叮咛

♥ 枣泥建议自制，具体做法参照 P271，若无枣泥馅，可用红枣肉替代。

♥ 黑米分糯性和非糯性两种，推荐宝宝食用后者，更容易消化。

难度指数：★

红薯小米粥

小米不需要精制，所以微量元素保存得较多，在中医上有清热解渴、和胃安眠的功效，适合夏日给宝宝食用。

【食材】 红薯50克，小米25克

 **Start！**

1. 红薯洗净，去皮后切成小丁，小米淘净；

2. 红薯丁、小米一起入锅，加水适量煮至软烂即可。

 **小·布的叮咛**

♥小米挑选米粒色黄、饱满而有光泽，无杂质和异味的。

♥小米粥冷却会变得略浓稠，所以煮好时的状态可以略稀些。

蓝莓南瓜泥

南瓜含有许多对宝宝有益的营养成分，
如多糖、果胶、氨基酸、活性蛋白、类
胡萝卜素及多种微量元素；蓝莓富含的
花青素、有机酸等营养素，则有强化视力、
增强免疫力的功效。此款辅食能促进宝
宝生长发育，预防疾病。

【食材】

南瓜 100 克

蓝莓 100 克

 Start !

1. 南瓜洗净，去皮、籽后切成小块，入锅内隔水蒸 15 分钟；

2. 将蒸熟的南瓜块用匙背慢慢碾压成泥；

3. 蓝莓洗净，倒入料理机，加水打成果浆；

4. 蓝莓果浆倒入锅中，小火煮至泥状，取适量与南瓜泥混合即可。

 小·布的叮咛

♥ 建议挑选老南瓜（内侧有翠绿的边，籽饱满大颗），香甜软糯、口感佳。

♥ 蓝莓可能引起过敏，宝宝需谨慎食用；蓝莓酱可置于冰箱冷藏，建议 1 周内吃完。

再接再厉哟！

豌豆土豆泥

难度指数：★

豌豆富含赖氨酸，常吃可以增强宝宝抵抗力，促进宝宝神经系统的发育。

【食材】 嫩豌豆 50 克，土豆 100 克

 **Start !**

1. 土豆洗净，去皮后切成薄片，嫩豌豆洗净；

2. 土豆片、嫩豌豆一起入锅，加水适量煮 15 分钟至软烂；

3. 将锅中食材连同汤水一起倒入料理机，打成糊状即可。

 **小·布的叮咛**

♥ 豌豆一定要煮熟煮透，此道辅食不适合消化不良、肠胃胀气的宝宝食用。

难度指数：★★

牛肉西葫芦燕麦粥

牛肉西葫芦燕麦粥口感鲜美，能给宝宝带来优质蛋白、丰富的微量元素及纤维素，做法也相当方便快捷。

【食材】 牛里脊肉 15 克，西葫芦 25 克，即食燕麦片 20 克

 **Start！**

1. 牛肉洗净，入沸水汆去血沫后捞出沥干，剁成肉糜；

2. 西葫芦洗净，去皮后切成细碎的小丁；

3. 燕麦片、牛肉糜一起入锅，加水200 毫升，小火煮 10 分钟；

4. 锅中加入西葫芦丁，再煮 2 分钟即可。

 **小·布的叮咛**

♥牛肉一定要剁得细碎，易于宝宝消化吸收。

♥建议选择纯燕麦片，而不是小包装的混合麦片。纯燕麦片一般分即食和快熟，前者更细碎，更容易熟烂，0~2 岁宝宝建议选前者，2 岁以上可选后者。

牛肉白菜粥

难度指数：★

这道粥有滋养脾胃、强健筋骨的功效，尤其适合冬季宝宝食用。

【食材】

牛里脊肉 20 克

白菜嫩叶 25 克

大米粥 300 克

 Start！

1. 牛肉洗净，入沸水汆去血沫后捞出沥干，剁成碎末；

2. 白菜嫩叶洗净，剁成碎末；

3. 锅中大米粥煮沸，加入牛肉末、白菜碎末炖熟即可。

 小布的叮咛

♥ 牛肉尽可能剁细碎，易于宝宝的吞食和消化。

难度指数：★

鸡肉玉米粥

此粥开胃消食，鲜香可口，能给宝宝提供丰富的蛋白质、微量元素及纤维素，是夏季非常不错的辅食之选。

【食材】

鲜玉米粒 50 克

鸡肉 25 克

大米 30 克

 **Start！**

1. 大米淘净，提前浸泡 1 小时；

2. 鸡肉洗净，剁成肉糜；

3. 鲜玉米粒洗净后倒入料理机，加水 350 毫升，打成玉米汁；

4. 大米、鸡肉糜、玉米汁一起入锅，煲煮至大米软烂即可。

 小布的叮咛

♥ 玉米要选择细嫩的，以手剥玉米粒为佳，不会破坏其胚芽组织。

番茄蛋黄燕麦粥

燕麦含有人体必需的8种氨基酸，不饱和脂肪酸、维生素B的含量是谷类粮食之首，还有多种微量元素，都是宝宝生长发育必需的营养素。定期适当食用，益于宝宝的健康成长。

难度指数：★

【食材】

蛋黄 1 个

番茄 50 克

燕麦片 25 克

 Start！

1. 番茄用沸水浸泡片刻，撕去表皮；

2. 将蛋黄均匀打散，番茄肉剁成泥状；

3. 燕麦片入锅中，加水煮至软烂涨发；

4. 锅中再加入番茄泥、蛋黄液，边倒边搅，煮 2 分钟即可。

小·布的叮咛

♥燕麦片是粗粮，宝宝由于肠胃娇弱，不能顿顿都吃，大概
　　每周 1 次，一定要煮软烂。

♥番茄、鸡蛋、燕麦片都可能引起过敏，若是第一次添加此
　　道辅食，请先分别单独少量尝试。

 加油哟！

手擀面，尝尝新啦 •

手擀面　⟨ 难度指数：★★★ ⟩

原味的手擀面带有小麦清香，天然无添加，新鲜美味。如果搭配多种蔬菜，例如胡萝卜、菠菜、青菜等，还可以变换出更多口味。

【食材】

原味：面粉 150 克，清水 75 毫升

胡萝卜味：胡萝卜汁（胡萝卜 200 克＋清水 90 毫升），胡萝卜面团（胡萝卜汁 65 毫升＋面粉 150 克）

菠菜味：　菠菜汁（菠菜 200 克＋清水 80 毫升），菠菜面团（菠菜汁 70 毫升＋面粉 150 克）

 Start！（以胡萝卜手擀面为例）

1. 胡萝卜去皮，入沸水煮 10 分钟后倒入料理机，加水 90 毫升，打成胡萝卜汁；

2. 面粉倒入盆内，取胡萝卜汁 65 毫升逐步加入，先用筷子不停搅拌至雪花状，再用手将面团揉成光滑状，盖上保鲜膜静置 30 分钟；

3. 案板上撒适量面粉，用擀面杖将面团擀压成厚薄均匀的长形面片；

4. 面片也撒上少许面粉，并对等折叠起来；

5. 用刀在面片上切出粗细一致的面条；

6. 将面条逐一分离，轻轻拉伸后撒上面粉，按进食的量分成小团即可。

 小布的叮咛

💜 对于初次尝试面条的宝宝，面条可制作得软烂一些，蔬菜汁（或清水）可以酌情多加，

或者面条焖煮得久一些。

💜 如果喜欢手擀面口感有嚼劲，建议使用高筋面粉，延展性大，且易于拉伸。

💜 1岁以上的宝宝，可以在制作面团时加1枚鸡蛋和少许盐，面条会更加滑爽筋道。

💜 制作菠菜面条时，菠菜需要先焯水再打汁。

土豆牛肉手擀面

难度指数：★★

香喷喷的土豆牛肉面，软烂鲜香，可以为宝宝提供更多的能量和不同于粥糊的辅食新口感。

【食材】

原味手擀面 50 克

土豆 200 克

牛肉 100 克

水发香菇 1 朵

 **Start !**

1. 牛肉洗净，入沸水汆去血沫后切成块，土豆洗净，去皮后切成块；

2. 牛肉块、土豆块入锅中，加适量水炖煮至牛肉软烂，汤汁留用；

3. 手擀面入沸水炖煮，待可轻易用筷子夹断时捞出，剪成细小丁状；

4. 取适量煮好的牛肉土豆块，分别剪细碎，香菇去梗，切成细丁；

5. 牛肉土豆碎、香菇丁入锅，倒适量牛肉汤汁，煮沸后再加面条丁略煮即可。

 **小布的叮咛**

♥ 原味手擀面建议自制，具体做法参考 P74。

♥ 土豆牛肉量较足，全家人可一起分食，宝宝取适量即可。

♥ 肠胃不好，易胀气的宝宝不建议食用土豆牛肉。

鸡肉芦笋胡萝卜手擀面

芦笋质地细嫩，富含人体必需氨基酸及硒、钼、镁、锰等微量元素，可以防癌抗癌，促进消化，建议宝宝经常食用。

难度指数：★★

【食材】

胡萝卜手擀面 50 克

鸡肉 20 克

芦笋嫩尖 30 克

鸡汤适量

Start！

1. 芦笋嫩尖洗净焯水后捞起，用剪刀剪成丁状；

2. 鸡肉洗净后剁成肉泥，与鸡汤一起入锅煮 5 分钟；

3. 手擀面入沸水炖煮，待可轻易用筷子夹断时捞出，剪成丁状；

4. 将芦笋丁、鸡肉泥连同汤汁一起倒在面条丁上拌匀即可。

小布的叮咛

♥ 胡萝卜手擀面建议自制，具体做法参照 P74；鸡汤是自制高汤的一种，具体做法参照 P269。

♥ 给宝宝吃芦笋，建议只取顶层约 5 厘米嫩尖部分，且不宜煮得过烂，以色泽碧绿为宜。

木耳黄瓜菠菜手擀面

此面富含膳食纤维及多种维生素，清热解暑，润肠通便，清爽可口，尤其适合宝宝夏天食用。

难度指数：★★

【食材】

干木耳 2 克

菠菜手擀面 50 克

黄瓜 50 克

荤高汤适量

 **Start！**

1. 干木耳提前浸泡 3 小时，泡好后去根部，摘成小朵；

2. 黄瓜取一小段，洗净后削皮去籽；

3. 将木耳朵、黄瓜段剁细碎，与荤高汤一起入锅煮 5 分钟；

4. 面条入沸水煮至软烂，捞出剪碎后淋上菜碎和汤汁即可。

 小·布的叮咛

 加油哟！

♥ 菠菜手擀面建议自制，具体做法参考 P74；荤高汤选用猪骨汤或鸡汤，具体做法参照 P269。

♥ 给宝宝吃的黄瓜，最好去皮去籽，以细嫩的黄瓜肉为宜。

蛋黄菠菜面

难度指数：★★

此款面食以市售婴儿面条为原料，清淡鲜美，营养搭配合理，尤其适合刚添加蛋黄的宝宝食用。市售婴儿面条一般会添加强化营养素，比如铁、钙、维生素 D、DHA 等，口感细软，储存和制作都比较方便。

【食材】 鸡蛋 1 枚，婴儿面条 25 克，菠菜嫩叶 20 克，鸡汤适量

 **Start！**

1. 鸡蛋整只煮熟，取蛋黄，用匙背压成细末；
2. 菠菜嫩叶洗净，入沸水焯一下后捞起；
3. 将焯过的菜叶与鸡汤一起入锅煮沸，捞出菜叶并剪细碎；
4. 婴儿面条入沸水煮至软烂，捞出剪碎后撒上蛋黄末、菜叶碎，淋上鸡汤即可。

 **小·布的叮咛**

♥ 鸡汤是自制高汤的一种，具体做法参照 P269；婴儿面条要选购无盐的。

♥ 菠菜含有较多草酸，一定要焯水过滤，以免草酸钙沉淀影响宝宝对钙的吸收。

丝瓜胡萝卜蛋皮面

难度指数：★★

此款面食口味清淡鲜美，色泽艳丽，营养全面丰富。

【食材】 蛋黄1个，丝瓜60克，胡萝卜20克，婴儿面条25克，橄榄油少许，猪骨汤适量

 **Start！**

1. 蛋黄均匀打散，入油锅煎成蛋皮后切细碎；

2. 丝瓜、胡萝卜分别洗净，去皮后切成小碎；

3. 丝瓜碎、胡萝卜碎、蛋皮碎与猪骨汤一起入锅煮至菜碎软烂；

4. 婴儿面条入沸水煮至软烂，捞出剪碎后淋上所有食材和汤汁即可。

 小·布的叮咛

♥ 猪骨汤是自制高汤的一种，具体做法参照P269。

♥ 手感沉实的丝瓜较为新鲜水嫩，以选择中段为宜，两头可能会有苦味。

Part 4

9～12个月
宝宝辅食

★ 9-12个月属于宝宝细嚼期，这阶段主要用牙龈来咀嚼食物。

★ 每日添加辅食2-3次，母乳或配方奶次数再减少1次。

★ 辅食水分减少，以固态为主，软硬度随着牙龈可咬碎的程度不断加大，比如从豆腐的硬度过渡香蕉的硬度。大小可从5毫米见方的颗粒逐渐加大，宝宝若吃着费劲，就缩小尺寸或者做软些，适应良好就逐渐加大增硬。

★ 多制作适合手抓和用叉子叉食的小块辅食，激发宝宝独立进食的兴趣。

鱼肉猪肉，新的小伙伴·

鱼泥 难度指数：★

鱼泥肉质细嫩，容易消化吸收，特别适合宝宝食用，也可加上蔬菜后搭配各类粥、面、软饭等主食。

【食材】 鲈鱼 1 条，姜 2 薄片，葱白 1 根

 Start！

1. 鲈鱼去除内脏和鳃，洗净内壁，沥干水；

2. 将处理好的鲈鱼摆入盘中，姜片、葱白塞入鱼肚；

3. 蒸锅中待水烧沸，将盛鱼的盘放上蒸架，大火蒸 6~7 分钟；

4. 蒸好后选取鱼肚部分，剔除细骨刺，再将鱼肉剪细碎即可。

 小布的叮咛

♥ 剔刺时建议选用深色盘，白色的刺易分辨，也可戴手套，捏碎鱼肉的同时剔出细刺。

♥ 鲈鱼也可换成银鳕鱼、三文鱼、比目鱼、多宝鱼、鳜鱼等其他肉多刺少的鱼。

难度指数：★★

黄花鱼菜粥

黄花鱼富含蛋白质、不饱和脂肪酸和硒元素等营养物质，肉质细腻，比淡水鱼更鲜嫩，更易于消化吸收，做成菜粥，可开胃健脾。

【食材】 黄花鱼、大米粥各 100 克，绿苋菜 25 克，姜 1 薄片，橄榄油适量

 Start！

1. 黄花鱼拣出内脏、鱼鳃，洗净后沥干水分；

2. 姜片擦拭锅壁后放油，将黄花鱼煎至两面微黄盛出；

3. 晾温后，取两侧鱼身肉切成小丁，剔除小刺；

4. 绿苋菜洗净，入沸水焯熟后沥干，剁碎；

5. 锅中大米粥煮沸，加入鱼肉丁、苋菜碎，小火煮 5 分钟即可。

 小布的叮咛

♥黄花鱼有大小之分，建议选择大黄花鱼，剔除骨刺相对简单。

♥煎鱼时，要注意油锅热透，鱼身干爽，煎到一定程度再翻面。

手打鱼丸

细嫩无骨的手打鱼丸最适合这个时期的宝宝食用，鲜美营养，富含不饱和脂肪酸。

难度指数：★★★

【食材】鱼柳 400 克，姜 3 克

Start！

1. 鱼柳洗净，去除白筋及贴皮的红肉后切成小丁；

2. 姜块洗净，去皮后用擦子磨成细碎的姜末；

3. 鱼肉丁倒入料理机，加姜末和少许水，打成细腻鱼蓉；

4. 用筷子不停地搅拌鱼蓉，直至黏稠上劲；

5. 锅中待水烧沸，用勺子挖出球状鱼蓉，逐一加入沸水中；

6. 锅中鱼丸煮至一一浮起即可。

 小·布的叮咛

♥ 如果想要鱼丸更有弹性，就必须反复摔打鱼蓉。

♥ 尽量选择无细刺的鱼，如银鳕鱼、鳜鱼等。

♥ 对于 1 岁以上的宝宝，搅拌鱼蓉时可加少许盐，水换成蛋清，口感更嫩滑。

三文鱼土豆饼

三文鱼的亮点是 Ω-3 脂肪酸，它是脑部、视网膜及神经系统的必要营养素，因此对正处于大脑发育期的宝宝非常有益。

难度指数：★★★

【食材】

三文鱼肉 25 克

土豆 160 克

蛋黄 1 个

橄榄油少许

沙拉酱少许

 Start！

1. 三文鱼洗净切丁，入沸水氽熟后将鱼肉撕碎，与土豆泥、沙拉酱混合；

2. 将鱼肉碎、土豆泥和沙拉酱拌匀，捏成 10 个小团后再压成小饼；

3. 蛋黄均匀打散，将做好的小饼两面沾上适量蛋黄液；

4. 锅内放油，将小饼煎至两面都呈金黄色即可。

 小·布的叮咛

♥ 此款辅食可作为宝宝的手指食物，让宝宝自己抓握着吃。

♥ 尽量选购有品牌保证的三文鱼，若买不到新鲜的也可使用冰冻三文鱼。

♥ 沙拉酱建议自制，具体做法参照 P276，土豆泥的做法参考 P37（省去加配方奶的步骤即可）。

银鱼丝瓜

难度指数：★

银鱼富含蛋白质，且全身都可食用，是宝宝的补钙佳品；丝瓜则含有多种维生素，尤其维生素B和维生素C的含量较高。银鱼丝瓜软嫩鲜香，夏季食用还能清暑凉血，解毒通便。

【食材】

银鱼干 5 克
丝瓜 80 克
姜 1 薄片
橄榄油 2 毫升

 **Start !**

1. 银鱼干提前浸泡 15 分钟至变软，洗净后切成小段；

2. 丝瓜洗净，刨去绿皮后切成小丁；

3. 锅内放油，加入银鱼段、丝瓜丁、姜片略炒；

4. 锅中加水，小火煮至丝瓜丁变软，留适量汤汁即可。

 小布的叮咛

♥丝瓜含汁丰富，去皮切丁后不宜久放以免汁水流失。

♥1 岁内的宝宝，银鱼干要选择无盐的，以鱼身干爽、色泽自然

明亮为佳，警惕颜色过白，有可能添加了明矾或漂白剂。

难度指数：★★

缤纷肉丸

口感00的肉丸富含优质蛋白、膳食纤维及维生素A等营养素，有益宝宝全面成长。

【食材】

猪肉 80 克

玉米粒 15 克

胡萝卜 15 克

淀粉 1 克

橄榄油 2 毫升

 Start！

1. 猪肉洗净，剁成肉糜，玉米粒、胡萝卜分别洗净后剁碎；

2. 将蔬菜碎混入猪肉糜中，加入淀粉、油搅拌均匀；

3. 少量多次加水并朝一个方向搅拌肉糜，至肉糜变得略带黏性；

4. 将肉糜搓成大小适中的丸状，入锅内大火隔水蒸 15 分钟即可。

 小·布的叮咛

♥美味的肉丸可作为宝宝的手指食物，让宝宝手抓握着吃。

♥根据不同口味，也可加少许奶油奶酪（具体做法参照 P153 小

布的叮咛），略带奶香风味。

娃娃菜肉卷

清淡鲜美的菜肉卷，营养搭配均衡，也可以作为宝宝的手指食物。

难度指数：★★

【食材】

娃娃菜嫩叶 4 片

猪肉 50 克

胡萝卜丁 10 克

淀粉 2 克

橄榄油少许

香菇粉少许

 **Start !**

1. 娃娃菜嫩叶洗净，入沸水焯片刻至变软；

2. 猪肉洗净，剁成肉糜，与胡萝卜丁混合后加淀粉、香菇粉、油和适量水，搅拌成馅；

3. 取一小团肉馅放在嫩叶末端，朝前卷起，卷好后两头裹紧，依次做好 4 只；

4. 锅中待水烧沸，将装菜肉卷的盘放入蒸架，大火蒸 15 分钟即可。

 小布的叮咛

♥香菇粉建议自制，具体做法参照 P285。

♥卷肉馅时注意将菜叶的两头裹紧，以免肉汁漏出。

♥加淀粉、水是为了让肉馅口感细嫩，油使胡萝卜中的维生素 A 更易被吸收。

肉松

猪肉含有人体所需的全部必需氨基酸，还能提供 B 族维生素，尤其富含维生素 B_{12}，以及血红素铁和促进铁吸收的半胱氨酸，有助于宝宝的生长发育，有效预防和改善宝宝缺铁性贫血。

难度指数：★★★

【食材】 猪肉 400 克，香葱 1 根，姜 3 薄片，橄榄油 10 毫升

 Start！

1. 猪肉剔除筋膜，入沸水汆半分钟，捞起切成小丁；

2. 肉丁入锅，加姜片、香葱和适量水，炖煮至软烂；

3. 肉丁捞出沥干水，装入保鲜袋后封口，把肉平铺开来，用擀面杖反复擀压成肉末；

4. 锅内放油，倒入压好的肉末，小火反复翻炒；

5. 翻炒 10 分钟，至颜色呈金黄、略显蓬松，不时有肉丝跳起时关火，晾温装瓶即可。

小布的叮咛

♥ 挑选新鲜的猪肉，有温润光泽、略有弹性、无血水的为佳，推荐里脊肉或臀尖肉。

♥ 压肉末时尽可能细碎，炒制肉松时用小火不断翻炒，为避免粘锅可少量多次倒油。

♥ 自制肉松保质期大约 2~3 周，肉松炒得尽量干爽，不易变质。

香喷喷的软米饭 •

土豆胡萝卜焖饭

难度指数：★★

这道辅食可以给宝宝提供成长所需的碳水化合物、蛋白质、维生素A、钾、膳食纤维等营养素，具有健脾开胃、预防便秘的功效。

【食材】

土豆 30 克

胡萝卜 25 克

猪肉 25 克

洋葱 15 克

大米 80 克

橄榄油 2 毫升

 Start！

1. 大米淘净，提前浸泡 1 小时；

2. 土豆、胡萝卜、猪肉、洋葱分别洗净，切成小丁；

3. 锅内放油，加入所有食材丁翻炒至香；

4. 将大米与食材丁倒入电饭锅，加约 2 倍水，按下煮饭键；

5. 煮饭完成后，将食材丁与米饭拌匀即可。

 小·布的叮咛

♥ 用少许油翻炒食材，能让胡萝卜中的维生素 A 更易吸收，同时炒出菜香，软米饭会更好吃。

♥ 猪肉也可以用鸡肉、牛肉等替代。

难度指数：★★

南瓜鸡肉藜麦饭

藜麦含有人体必需的日种氨基酸，蛋白质的含量更是远超牛奶，可与牛肉媲美，且比例适当易于吸收，对于宝宝来说，每天只需要食用少量的藜麦就可以满足一天的蛋白质需求。

【食材】

南瓜 60 克

藜麦 20 克

鸡胸肉 50 克

大米 50 克

橄榄油少许

 Start！

1. 南瓜洗净，去皮、籽后切成丁，鸡胸肉洗净，切成丁；

2. 大米淘净，浸泡 1 小时后与淘净的藜麦一起倒入电饭锅；

3. 锅中加入南瓜丁、鸡肉丁、油和水 330 毫升；

4. 电饭锅按煮饭键，煮饭完成后将蔬菜肉丁与米饭拌匀即可。

 小布的叮咛

♥藜麦不含麸质，对于麸质过敏的宝宝非常适用，特别是患有麸质过敏性肠病的宝宝，可以用藜麦进行辅助喂食，网店购买藜麦非常方便。

♥用电饭锅直接做宝宝软饭，所加水量可比大人的多出1/3左右。

番茄牛肉饭

难度指数：★★

酸酸甜甜的番茄牛肉饭既开胃又补充元气，可为宝宝补充各类微量元素，增强宝宝的免疫力，建议经常食用。

【食材】

番茄 80 克

牛里脊肉 50 克

西蓝花 35 克

米饭 35 克

橄榄油 5 毫升

高汤 450 毫升

 **Start！**

1. 番茄洗净，切成小丁，西蓝花用淡盐水浸泡 10 分钟，焯水后捞起切成丁；

2. 牛肉入沸水汆去血沫后，剁成肉碎；

3. 锅内放油，倒入番茄丁翻炒，再倒入米饭、牛肉碎，加高汤加盖焖煮；

4. 待米粒涨发、锅中剩少许汤汁时加入西蓝花丁，继续焖至米饭湿软即可。

 小布的叮咛

♥高汤可按个人口味来制作，荤素不限，具体做法参照 P268~269。

♥牛肉一定要选纤维较细嫩的里脊肉，这样口感软嫩，易于消化。

♥直接用米饭来制作软饭，相较于用生米来做饭更省时，但要保证食材煮至软烂。

难度指数：★★

茄子肉末软饭

茄子肉末软饭鲜香开胃，还有清热解暑的功效，很适合夏季宝宝食用。

【食材】

茄子 80 克

米饭 80 克

猪里脊肉 25 克

香葱 1 根

荤高汤少许

橄榄油少许

Start！

1. 茄子洗净后切成细条，入锅内隔水蒸 5 分钟至软，将蒸好的茄条剁碎；

2. 猪肉剁成肉糜，香葱切出葱白和葱花；

3. 锅内放油，倒入葱白、肉糜翻炒出香，待肉糜变白再倒入茄碎，加葱花和高汤小火焖煮 1 分钟，留少许汤汁；

4. 另一锅内米饭加水煮至湿软，盛出后淋上茄子肉末和汤汁即可。

 小布的叮咛

♥荤高汤可选用猪骨汤或鸡汤，具体做法参照 P269。

♥将茄子蒸软后再炒，不容易吸太多油。

♥茄子皮不要去除，有丰富的维生素 B、维生素 P 等营养素。

银鱼紫菜饭

难度指数：★★

银鱼紫菜饭清淡鲜美，富含碘、钙、铁等微量元素，可增强宝宝免疫力。

【食材】

干银鱼5克
干紫菜1克
米饭60克
姜片少许
香葱少许

 Start！

1. 干银鱼、干紫菜分别提前浸泡30分钟，紫菜泡软后洗净，剁成碎末，银鱼切成小段；

2. 米饭倒入锅中，加约2倍水，再倒入银鱼段、紫菜末、姜片、香葱，炖煮至水分基本收干，关火后略焖即可。

 小布的叮咛

♥ 银鱼干要挑选淡味的，颜色太白或太黄都不好。

♥ 紫菜选用煮汤的饼状紫菜，好的紫菜软嫩清香。

难度指数：★★

猪肝豇豆软饭

经常食用猪肝豇豆饭，可为宝宝补铁明目，止渴健脾。

 **Start！**

1. 猪肝、豇豆分别提前浸泡 30 分钟，用水冲洗干净；
2. 猪肝剔除筋膜后切成小片，洋葱切成小丁，豇豆去头尾后切丁；
3. 锅内放油，爆香洋葱丁后，加入猪肝片快速翻炒至颜色变白，再加豇豆丁继续翻炒；
4. 倒入米饭，浇上盖满食材的高汤，小火焖煮 15 分钟至米饭软烂、汤汁略收干即可。

【食材】

猪肝 25 克

长豇豆 20 克

洋葱 15 克

米饭 50 克

橄榄油 2 毫升

高汤适量

 小·布的叮咛

♥ 高汤可按个人口味来选择制作，具体做法参照 P268~269。

♥ 长豇豆宜选细嫩无粗纤维的，要煮熟煮透以免中毒，要切细碎以免豆子哽噎造成危险。

彩椒蘑菇炖饭

彩椒蘑菇炖饭借鉴了西餐的制作方法，鲜美软烂，比中式口味的软饭要更香浓。

难度指数：★★★

【食材】大米 50 克，干香菇 2 朵，蒜头 2 小瓣，鲜蘑菇、洋葱各 60 克，红、黄彩椒丁各 30 克，菌菇汤 300 毫升，橄榄油 10 毫升

 Start！

1. 干香菇泡发后去梗切丁（泡香菇的水留用），鲜蘑菇洗净，切丁；

2. 蒜头、洋葱洗净后分别切丁；

3. 厚底锅内放油 5 毫升，爆香蒜头丁，加入洋葱丁炒香后加大米翻炒；

4. 再加入菌菇汤，关盖小火焖煮，若汤汁收干要继续添加，反复 3~4 次直至米粒软烂；

5. 另一锅内放油 5 毫升，倒入香菇丁、蘑菇丁、彩椒丁翻炒；

6. 将炒好的食材丁倒入米饭中，加适量泡香菇的水继续翻炒，待汁水略收干即可。

 小·布的叮咛

♥ 菌菇汤是自制高汤的一种，具体做法参照 P268。

♥ 在米饭的炖煮过程中要随时观察情况，以免锅糊底。

♥ 这种软米饭参照了西餐中炖饭的做法，与直接煮饭不同，水和原料分多次添加，能更好把握软烂程度，可炖得偏软烂一些，适合现阶段宝宝食用。

难度指数：★★★

猫耳朵

猫耳朵的口感比手擀面要更有韧劲，适合培养宝宝的咀嚼能力。

【食材】熟鸡丁 25 克，面粉、菠菜各 100 克，鸡汤 250 毫升

 Start！

1. 菠菜焯熟后倒入料理机，加水 50 毫升打成浓汁后，取 55 毫升倒入面粉内；

2. 先用筷子搅拌面粉至雪花状，再用手揉出光滑面团，盖上保鲜膜静置 30 分钟；

3. 将面团擀成厚薄适中的长方形面片；

4. 再将长方形面片分割成大小适中的若干小面片；

5. 用大拇指轻轻捻动小面片，让其卷起呈猫耳朵状；

6. 猫耳朵入沸水煮至浮起，盛出，与熟鸡丁一起倒入鸡汤内，略加热即可。

 小布的叮咛

♥鸡汤是自制高汤的一种，具体做法参照 P269。

♥在有纹路的案板上卷猫耳朵，可以印出花纹；吃猫耳朵时要注意防止宝宝噎呛。

白菜水饺

难度指数：★★★

白菜猪肉水饺是最家常的饺子，但做成白菜造型，会吸引宝宝的眼球，更让宝宝胃口大开。

【食材】

菜心 50 克

面粉 200 克

娃娃菜 150 克

猪里脊肉 80 克

大葱 10 克

虾皮粉适量

 Start！

1. 菜心洗净，入沸水焯熟，切成小段；

2. 将菜心段倒入料理机，加水 75 毫升，搅打成细腻菜泥；

3. 取菜泥 60 克与面粉 100 克混合，搅拌成雪花状再揉出绿色面团，盖上保鲜膜静置 20 分钟；

4. 取面粉 100 克加水 55 毫升，搅拌成雪花状后揉出白色面团，盖上保鲜膜静置 20 分钟；

5. 娃娃菜洗净，切碎，用纱布挤干水分；

6. 猪肉洗净，剁成肉糜，大葱洗净，切段；

7. 将娃娃菜碎、猪肉糜、大葱段、虾皮粉混合搅拌成馅；

8. 将白色面团搓成细长条状，绿色面团擀压成长方形片状；

9. 用绿色面片把白色面条贴紧，包裹卷起；

10. 将裹好的面团切成小剂子，分别擀压成中间厚四周薄的饺子皮；

11. 将馅料包入饺子皮，对折后压紧封口，两手拇指同时从边角到中间捏压；

12. 饺子入沸水煮至浮出水面，再倒入凉水，煮至再次浮起即可。

 小·布的叮咛

♥面团要和得软些，不同面粉吸水性不同，以和好的面团柔软不黏手为佳。

♥虾皮粉建议自制，具体做法参照 P285。

蔬菜软饼

难度指数：★★★

营养均衡、香软可口的蔬菜饼，还可以作为手指食物来让宝宝抓握，自己进食。

【食材】蛋黄 1 个，面粉 50 克，胡萝卜、芹菜各 10 克，橄榄油、虾皮粉各
少许

 **Start！**

1. 胡萝卜、芹菜分别洗净，切成小丁后一起
   入油锅翻炒，蛋黄均匀打散；
2. 面粉里加入蔬菜丁、蛋黄液及虾皮粉，加
   水 90 毫升，调成可流动的面糊；
3. 锅内放油，用勺子舀一勺面糊倒入锅中，
   小火煎至一面凝固，翻面继续煎；
4. 重复上一步，直到面糊全部用完；
5. 将煎好的软饼盛出，晾温后切成小块即可。

 小·布的叮咛

♥虾皮粉建议自制，具体做法参照 P285。

♥煎饼时厚薄最好一致，否则容易造成
一面不熟一面过焦。

♥可以按不同的口味喜好添加不同的蔬
菜，变化很灵活。

难度指数：★★★

胡萝卜鲜肉蒸饺

胡萝卜鲜肉蒸饺保留了食材的原汁原味，营养均衡，味道鲜美，可让宝宝抓握自己进食。

【食材】饺子皮、猪里脊肉、胡萝卜各 50 克，大葱 20 克

 **Start！**

1. 猪肉洗净，剁成肉糜，胡萝卜、大葱分别洗净后切成小丁和细末；
2. 将猪肉糜与胡萝卜丁、大葱末混合，加适量水朝一个方向搅拌至肉略有黏性；
3. 将馅料包入饺子皮，对折后将中间先封紧，皮左右两边和背后分别打两个褶子；
4. 锅中待水烧沸，将装饺子的盘放上蒸架，大火蒸 15 分钟即可。

 小·布的叮咛

♥ 对 1 岁以上的宝宝来说，肉馅里可添加少许盐和蛋清，口感更鲜美嫩滑。

加油哟！

迷你元宝馄饨

小馄饨软嫩细滑，荤素搭配合理，可以作为宝宝的早餐，以增加辅食的多样性。

难度指数：★★★

【食材】馄饨皮、猪里脊肉各 50 克，蛋黄 1 个，青菜嫩叶 3 片，猪骨汤、橄榄油、葱花各适量，虾皮粉、紫菜各少许

 Start！

1. 蛋黄均匀打散，入油锅煎成蛋皮切细碎，紫菜提前 15 分钟泡软后撕碎，青菜叶切细丝；

2. 将馄饨皮横竖切成 4 份大小；

3. 猪肉洗净剁成肉泥，加葱花、虾皮粉和少量水朝一个方向搅拌至肉略有黏性；

4. 取 1 片小馄饨皮，中间放上小团馅料后，对折成长方形；

5. 继续沿中横线对折；

6. 将两只下角收拢；

7. 用少许水黏合，拇指压紧即成元宝形；

8. 重复 4~7 包好所有的馄饨后，将馄饨入沸水煮至浮出水面捞起，再将蛋皮丝、紫菜碎、青菜丝倒入猪骨汤，煮沸后淋上馄饨即可。

小布的叮咛

♥ 猪骨汤和虾皮粉建议自制，具体做法分别参照 P269 和 P285。

♥ 馄饨的内馅还可以加入更多的蔬菜，如黑木耳、白菜、胡萝卜等。

番茄肉酱意粉

难度指数：★★

❤粉搭配酸甜开胃的番茄肉酱汁，是很经典的做法，让宝宝尝一尝不同于中式面食的西式口味吧

【食材】

番茄 80 克

猪里脊肉 50 克

字母意粉 50 克

洋葱 30 克

番茄酱 20 克

橄榄油适量

 Start！

1. 番茄用开水烫掉表皮，切丁，洋葱洗净切丁，猪肉剁成肉糜；

2. 锅内放油，加入洋葱丁、猪肉糜翻炒至肉松散有香味；

3. 再加入番茄丁、番茄酱翻炒均匀，加水煮沸后略焖 2 分钟；

4. 意粉入沸水炖煮，待稍用力可拿筷子夹断时关火，略焖 5 分钟再捞起；

5. 将番茄肉酱盛出，淋到煮熟的意粉上，拌匀即可。

 小·布的叮咛

❤番茄酱建议自制，具体做法参照 P279。

❤肉酱最好带适量汤汁，因此收汁时注意不要煮干。

❤意粉尽量选颗粒细小的，制作时要煮透煮烂，便于宝宝咀嚼。

刺猬造型的卡通包子还有内馅呢，比馒头的味道更好，营养也更丰富，非常受宝宝欢迎。

【食材】

面粉 150 克，酵母 3 克，熟红豆若干颗，枣泥馅适量

刺猬包

难度指数：★★★

Start !

1. 酵母先用温水 15 毫升溶解成酵母液，将面粉倒入盆内，加入酵母液和温水 75 毫升，用筷子不停搅拌面粉至雪花状；

2. 用手将盆内面浆揉成光滑面团，盖上保鲜膜，置温暖处发酵至面团变成 2 倍大；

3. 将发酵好的面团分成若干重约 25 克的小面团，枣泥馅捏出相同数量重约 20 克的球状；

4. 小面团用擀面杖压成圆形面片，周边薄中间厚；

5. 中间放上枣泥馅后，将周边提起，边收口边捏紧直到完全封口；

6. 将做好的包子捏口朝下，捏成前尖后圆的造型，再用剪刀将包子外层依次剪出小口，做成刺猬模样，最后用牙签点出眼睛，塞入红豆装饰；

7. 依次做好剩余面团，包子静置 15 分钟，待锅中水烧沸，上锅大火蒸 15 分钟即可。

小·布的叮咛

♥ 发酵、和面的具体方法参照 P22~23。

♥ 枣泥馅建议自制，具体做法参照 P271。

5、6

花样馒头

难度指数：★★★

馒头成分以淀粉为主，可搭配稀粥作为主食或点心给宝宝食用。馒头也有很大的发挥空间，可以经常变化色彩和造型吸引宝宝注意，促进食欲。

【食材】白面团：面粉 150 克，酵母 3 克，温水 75 毫升

紫面团：紫薯泥 40 克，面粉 100 克，酵母 3 克，温水 70 毫升

 Start！

1. 白面团，酵母加温水 15 毫升调匀，倒入面粉中，再慢慢加温水，用筷子搅拌成雪花状后用手抓揉成光滑面团，盖上保鲜膜，置温暖处发酵至面团变成 2~3 倍大；

2. 紫面团，先将紫薯泥、调匀的酵母与面粉混合，和面步骤同上；

3. 用两色面团做出花朵、棒棒糖造型的馒头（具体做法步骤见 P115）；

4. 馒头静置 15 分钟，待锅中水烧沸，上锅隔水蒸 15 分钟即可。

花朵做法：

1. 将紫面团捏出 4 个重约 15 克的小面团，分别揉成球，再用擀面杖压成椭圆形片状；

2. 将 4 块椭圆形面片依次留有空隙地叠好；

3. 将最上面的面片从外向里卷，卷到下层面片时，再用同样的手法继续卷；

4. 直到所有面片都包裹起来成圆柱状；

5. 用小刀在中间横切一刀，就成了两朵花。

棒棒糖做法：

1. 取紫、白面团各 20 克，分别揉成团，再搓成长条；

2. 两条头部连接相扣，顺势同时朝一个方向盘；

3. 盘成饼状，插入小棍固定。

 小·布的叮咛

♥ 紫薯泥的制作方法具体参照 P51（操作步骤 1、2）。

♥ 可用南瓜泥、胡萝卜泥、菠菜泥等天然蔬果泥为面团添加各种颜色。

奶香红豆薏米粥

难度指数：★

红豆薏米有祛湿健脾的功效，适合宝宝在春夏及湿热的季节食用。

【食材】红豆 50 克，黑米 30 克，薏米 10 克，婴儿配方奶适量

 **Start！**

1. 红豆、黑米、薏米分别洗净，提前浸泡 2~3 小时；

2. 将泡好的红豆、黑米、薏米倒入锅中，加适量水炖煮至软烂；

3. 盛起粥，晾温后将冲调好的配方奶浇淋其上即可。

 **小·布的叮咛**

♥优质的红豆无杂质，色泽均匀光滑（但也不是特别发亮），无虫眼。

难度指数：★

百合小米绿豆粥

这款粥具有清热解毒、解除心烦口渴的功效，是宝宝夏日里理想的午间小食。

【食材】大米 30 克，绿豆 40 克，小米、鲜百合各 15 克

 **Start！**

1. 大米、绿豆分别淘净，提前浸泡 1~2 小时，小米淘净，百合洗净后掰成小瓣；

2. 大米、小米倒入锅中，加适量水炖煮 1 小时后，再加绿豆、百合瓣煮至绿豆开花即可。

 小·布的叮咛

♥绿豆不宜煮得过烂，煮至豆粒开花时清热功效较强。

♥鲜百合也可用干百合替代，干百合需提前浸泡 30 分钟后再使用。

♥脾胃虚寒的宝宝不适合食用此粥。

双薯银耳羹

难度指数：★

这款甜品滋阴润肺、补脾宁心，适合秋季宝宝食用，对口燥咽干或干咳无痰也有改善作用。

【食材】红薯、紫薯各 60 克，干银耳、干百合各 10 克

 **Start !**

1. 银耳择小朵，百合掰成小瓣，一起提前浸泡 5 小时；
2. 红薯、紫薯分别洗净，去皮后切成小块；
3. 红薯块、紫薯块、银耳朵、百合瓣同入砂锅，加适量水焖煮至食材变软即可。

 小·布的叮咛

♥ 1 岁以上的宝宝，可加少许冰糖调味，口感会更加清甜软糯。

♥ 可将红薯、紫薯用模具按压出宝宝喜欢的可爱花朵状、心形状。

难度指数：★★★　鸳鸯蒸糕

玉米面和枣泥比普通面粉保留了更多维生素、微量元素和纤维素，利用酵母发酵后，更易于消化吸收。

【食材】玉米糕：玉米面 50 克，面粉 100 克，酵母 3 克，温水 150 毫升

枣泥糕：枣泥馅 50 克，面粉 150 克，酵母 3 克，温水 150 毫升

 Start！

 小布的叮咛

1. 玉米面加温水及酵母拌匀，倒入面粉搅拌成稀面浆后盖上保鲜膜置温暖处发酵 1~2 小时；

2. 将发酵好的面浆（体积增大，出现气泡）倒入蛋糕模，入锅内大火隔水蒸 30 分钟；

3. 将蛋糕模取出，至冷却脱模切块即成玉米蒸糕；

4. 将枣泥糕的食材重复步骤 1~3 即可。

♥ 枣泥馅建议自制，具体做法参照 P271。

♥ 发酵原料建议选酵母，市售发糕会添加泡打粉或小苏打，发的速度快但不如酵母发酵健康。

♥ 蒸糕的容器建议用活底模具，若不是，需在底层涂上油或铺上纱布以便于脱模。

奶香杂粮饼

杂粮磨成细粉后，制作糕点饼类很适合。这款杂粮饼有可爱的卡通造型，奶香口感，会让宝宝从此爱上吃粗粮。

难度指数：★★★

【食材】绿豆粉、糙米粉各 50 克，荞麦粉、婴儿配方奶粉各 30 克

Start！

1. 将绿豆粉、糙米粉、荞麦粉、婴儿配方奶粉混合均匀；

2. 加水 200 毫升，搅匀后用手揉成面团，静置 20 分钟；

3. 将做好的杂粮面团轻轻擀压成厚约 2 厘米的面片；

4. 用做饼干的小模具，扣压出各种卡通造型；

5. 重复步骤 3~4，直到剩余面片全部扣压成小饼；

6. 小饼盛入盘中，蒸锅中待水烧沸，上锅大火蒸 10 分钟即可。

 小·布的叮咛

♥杂粮粉类可以用功率较大的研磨机研磨而成，也可直接购买。

♥和面的水也可用口味合适的果汁替代，比如橙汁、葡萄汁等。

♥面片不要擀压得太紧实，否则口感会略硬。

迷你窝窝头

玉米缺乏色氨酸，而黄豆中色氨酸的含量则很丰富，故两者搭配，蛋白质更全面，而且膳食纤维丰富，味道清香可口。

难度指数：★★★

【食材】

面粉 100 克

黄豆面 50 克

玉米面 50 克

酵母 3 克

婴儿奶粉 25 克

 Start !

1. 酵母用温水 15 毫升溶解成酵母液，将所有粉、面类食材倒入盆内，加入酵母液、温水 90 毫升，用筷子不停搅拌至雪花状；

2. 用手将盆内面浆揉成光滑面团，盖上保鲜膜，置温暖处发酵至面团变成 2 倍大；

3. 将发酵好的面团分割成小团（15 克 / 个），小团揉圆压成饼状，再包裹住食指做出窝窝状；

4. 做好的窝窝头静置 15 分钟，待锅中水烧沸，上锅大火蒸 15 分钟即可。

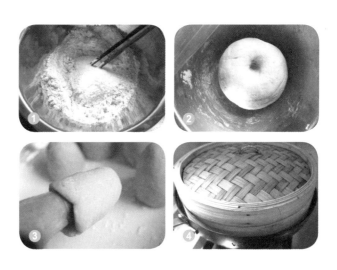

 小·布的叮咛

♥ 窝窝头的凹口可以做深一点，蒸好的窝窝头凹口会缩浅。

♥ 可以在凹口处塞入炒熟或蒸熟的荤素类菜，搭配在一起吃。

Part 5

13~18个月
宝宝辅食

★ 13-18个月属于宝宝咀嚼期，这阶段靠乳牙、牙龈来咀嚼食物。

★ 每日添加辅食3次，与成人进餐时间一致，母乳或配方奶每
日1-2次；餐间加些健康无添加的小零食(自制酸奶、水果等)，
食物硬度以用前齿咬断、用牙龈咬碎为准。

★ 添加少许富含矿物质的盐或糖、不含添加剂的低盐酱油(生
抽、老抽)及黄豆酱，让辅食变得更有滋味。

★ 同一种食材做法可多些变化，利用天然食材来调味，造型色
彩设计得可爱缤纷，让宝宝爱上辅食。

鲜虾粥

难度指数：★★

虾的蛋白质含量很高，但脂肪很少，虾含丰富的锌、磷、钙，特别适合宝宝的发育成长。

【食材】 鲜虾6只，大米50克，豌豆15克，姜1薄片，橄榄油、盐各少许

 **Start！**

1. 大米淘净，浸泡1小时，豌豆洗净压碎；

2. 鲜虾头剥离，洗净后入油锅，翻炒至色泽变红，虾身去壳、去虾泥；

3. 虾头入锅中，加大米、姜片和适量水煮至米粒开花，捞出虾头、姜片；

4. 粥继续炖煮，放入虾仁、豌豆碎，调小火焖煮15分钟后加盐调味即可。

 小布的叮咛

♥ 建议挑选新鲜的活虾，能在水中灵活游动，弹跳自如，虾身饱满硬实的为佳。

♥ 虾有可能会引起过敏，有过敏反应的宝宝应延迟几个月再试。

♥ 将豌豆先压碎再给宝宝吃，是为了避免造成吞食危险。

难度指数：★★★

虾仁蒸蛋羹

虾仁蛋羹嫩滑鲜美，富含优质蛋白，且易于消化吸收，常吃利于宝宝生长发育。

【食材】 鸡蛋1枚，虾仁3只，生抽、虾油各少许

 Start！

1. 虾仁挑去虾泥，入沸水汆半分钟，捞起，沥干水；

2. 鸡蛋敲入碗中，加入虾仁和适量温水搅打均匀；

3. 装蛋液的碗上蒸架，蒸5～8分钟至蛋液凝固，加生抽、虾油调味即可。

 小布的叮咛

♥虾仁选用鲜虾为佳，也可用冰冻的虾仁，去除虾泥很重要，不可省略。

♥虾油也可以用芝麻油替代。

♥蛋液与温水的比例大约1:2～1:3，这很重要，决定着蒸出的蛋羹是否嫩滑。

西蓝花炒虾仁

难度指数：★★

虾仁与西蓝花及木耳搭配，在原有的营养基础上，维生素种类和食物纤维更加丰富。

【食材】

虾仁 100 克

嫩西蓝花 80 克

水发木耳 25 克

香葱 1 根

蛋清半枚

橄榄油少许

淀粉少许

盐少许

 Start！

1. 虾仁洗净，去虾泥后加盐、淀粉、蛋清轻轻捏揉至黏稠，入冰箱冷藏 1 小时；

2. 西蓝花入淡盐水浸泡 10 分钟，捞出后洗净，切成小朵，木耳洗净，也切小朵，淀粉以 1：10 兑水，搅拌均匀成薄芡汁；

3. 冷藏虾仁入沸水氽至颜色变红捞起，西蓝花朵、木耳朵入沸水焯一下迅速捞起；

4. 锅内放油，加葱白爆香，倒入虾仁、西蓝花朵、木耳朵翻炒至软；

5. 出锅前加盐调味，淋上薄芡汁拌匀即可。

 小·布的叮咛

♥ 上浆能让虾的口感蓬松软嫩，尤其是冰冻虾仁，一定要上浆。

难度指数：★★

茄汁虾仁

酸甜的茄汁虾仁，消食开胃，能大大地促进宝宝的食欲。

【食材】

虾仁 60 克
黄瓜 50 克
洋葱 50 克
番茄酱 20 克
盐少许
白胡椒粉少许
橄榄油少许

 Start！

1. 虾仁挑去虾泥，加盐、白胡椒粉腌 30 分钟，黄瓜、洋葱洗净，去皮后分别切细丁；

2. 锅内放油，倒入洋葱丁爆香，再加番茄酱翻炒；

3. 继续倒入虾仁、黄瓜丁炒匀，再加少许水焖煮半分钟，略收汁即可。

 小·布的叮咛

♥ 番茄酱建议自制，具体做法参照 P279。

♥ 黄瓜也可用豌豆、西蓝花等宝宝喜欢的蔬菜替代。

鲜虾香菇盏

造型小巧，鲜美嫩滑，且营养搭配均衡，可以让宝宝食欲大增。

难度指数：★★

【食材】基围虾 5 只，猪肉 50 克，干香菇 5 朵，生粉 1 克，香葱 1 根，橄榄油、
芝麻油、盐各少许

1. 干香菇去根部，提前浸泡 2 小时，泡香菇的水留用；

2. 基围虾去头、壳、虾泥，切成碎丁，香葱洗净，切成末；

3. 猪肉剁成肉泥，与虾丁混合，加盐、香葱末、芝麻油朝一个方向搅拌，可加少许泡香
   菇的水，搅拌至肉泥略带黏性；

4. 将处理好的肉泥塞入泡发的香菇内，依次做好 5 只；

5. 香菇盏入锅内，大火隔水蒸 20 分钟；

6. 蒸好后另装盘，将滤出的汤汁加生粉、盐、橄榄油及适量泡香菇的水调匀，煮成薄芡
   汁淋上香菇盏即可。

♥ 干香菇尽量选择闻起来有较浓香味的，以个头大小一致、均匀光滑的为佳。

♥ 馅料也可以全部用虾肉，这种情况建议将虾肉剁成细泥。

天使蛋

难度指数：★★

鸡蛋虽平凡，但营养却较为全面均衡，它含有人体所需的蛋白质、脂肪、卵磷脂、维生素、铁、钙、钾，被称为理想的营养库，鸡蛋的蛋白质品质极佳，仅次于母乳，非常适合宝宝的生长发育。

【食材】鸡蛋3枚，沙拉酱25克，番茄丁、西蓝花各少许

 Start！

1. 西蓝花用淡盐水浸泡10分钟，洗净后切成小朵，入沸水焯熟；

2. 鸡蛋整只煮熟，剥去蛋壳对半切开，挖出蛋黄集中放到1个碗内；

3. 碗内加入沙拉酱拌匀，将沙拉酱蛋黄用匙背碾压过细筛；

4. 用勺子把蛋黄泥挖成球状，放入半个蛋白里，装饰上番茄丁、西蓝花朵即可。

 小·布的叮咛

♥ 沙拉酱建议自制，具体做法参照P276，或用酸奶替代也是不错的选择。

♥ 这款辅食适合几个宝宝一起分享，每个宝宝吃2个半边就足够了。

♥ 蛋黄泥过筛口感会更细腻顺滑；如果想要造型更好，可用裱花工具将蛋黄泥挤入蛋白中。

难度指数 ★★

荷包蛋蒸肉饼

此道辅食富含动物蛋白及钙，清淡鲜美，易于消化，利于宝宝骨骼和身体的发育。

【食材】鸡蛋 1 枚，猪里脊肉 25 克，淀粉 2 克，橄榄油、盐各少许

 **Start！**

1. 猪肉洗净，剁成肉泥；
2. 肉泥中加入油、盐、淀粉及适量水，朝一个方向不停搅拌至肉泥有黏性；
3. 肉泥盛入浅碗，敲开蛋壳，将鸡蛋窝在肉泥上；
4. 将装有肉泥鸡蛋的浅碗放入锅内，大火隔水蒸 10 分钟即可。

 小布的叮咛

♥建议挑选里脊肉，而不是五花肉，更适合 2 岁以内的宝宝食用。

加油哟！

浓香番茄蛋

难度指数：★★

番茄含丰富的维生素 B。。与鸡蛋搭配，更有助于鸡蛋中蛋白质和脂肪的消化吸收。

【食材】番茄 1 只（约 150 克），鸡蛋 1 枚，橄榄油、盐各少许

 **Start！**

 小布的叮咛

1. 番茄洗净后切成小丁，鸡蛋敲入碗中，
   将蛋液均匀打散；
2. 锅内放油，倒入蛋液翻炒至凝固，盛起；
3. 再倒少许油入锅，加番茄丁、盐翻炒，
   至汤色变红加入炒熟的鸡蛋和适量水，
   小火加盖焖 1 分钟即可。

♥ 番茄挑选色泽红润、成熟的，做出的番
茄蛋才会浓香红润。

♥ 建议留一些汤汁，用来拌饭、拌面都是
很好的选择。

厚蛋烧是日式的做法，口感滑嫩，里面也可以加上自己喜欢的配料，变化口味。

【食材】

鸡蛋3枚

奶油奶酪（或奶酪片）15克

香葱2根

盐、橄榄油各少许

1. 鸡蛋打散、奶酪切碎、香葱切葱花，3种食材混合后加盐搅拌均匀；

2. 锅内刷上油，先倒入一部分蛋液，均匀铺开，待贴锅面的蛋液凝固并逐步卷起蛋皮、卷成长条时，再倒入蛋液至空白处，要注意先做好的蛋卷下层也铺上蛋液，从蛋卷条处开始卷起新的蛋皮，直至蛋皮卷得较厚；

3. 用竹帘将厚蛋烧固定，晾温后切段即可。

 小·布的叮咛

♥ 制作关键是卷蛋皮时蛋液下部分凝固，但上层还属于液态状，这样容易卷起，也利于多层融合，口感嫩滑。

♥ 若选用奶油奶酪建议自制，具体做法参照P153（小布的叮咛），奶酪片可在超市购买。

♥ 卷蛋皮可以利用筷子或者是平铲，小心不要将蛋皮铲破。

奶酪厚蛋烧

难度指数：★★★

难度指数：

自制豆腐

使用黄豆和酿造白醋来制作豆腐，工艺不
算很复杂，但是享受到的健康美味和成就
感，会让全家人都开心。

【食材】干黄豆250克，酿造白醋50毫升

【工具】豆腐模具，食品温度计，料理机，滤布，纱布

 Start !

1. 干黄豆提前一晚浸泡，将涨发好的豆子（剔除坏的）倒入料理机，加水2500毫升搅打3分钟；

2. 将搅打好的生豆浆倒入滤布，拧出，并去除滤布中残留的豆渣；

3. 滤好的豆浆去除浮沫，倒入大锅中煮沸，沸腾2分钟后关火；

4. 白醋中加水250毫升，搅拌均匀成醋浆；

5. 用温度计测量锅中豆浆，冷却到80~90℃时开小火；

6. 将醋浆分次划圈倒入豆浆；

7. 过几分钟，豆花与醋浆分离；

8. 用筛子捞出豆花，倒入铺了纱布的豆腐模具内；

9. 将豆花压平整,盖上模盖、压上重物静置5~8分钟即可。

 小·布的叮咛

❤步骤7中分离出的酸浆可用干净玻璃瓶密封保存，让其在室温下自然发酵几日，下次制作豆腐时，可以直接替代白醋和水，发酵的产物中有更多益于健康的微量元素。

❤做嫩豆腐大约静置5分钟,老豆腐时间可以稍长。

蔬菜豆腐汤

难度指数：★★

嫩滑的豆腐配以菌类和蔬菜同煮，富含植物性蛋白质，以及钙、磷等多种微量元素和纤维素，低脂营养美味。

【食材】 嫩豆腐 80 克，蟹味菇、胡萝卜各 25 克，白菜 30 克，香葱 5 克，橄榄油 2 毫升，猪骨汤适量，盐少许

 **Start！**

1. 嫩豆腐切成小丁，蟹味菇去根后切小段，胡萝卜去皮切薄片，白菜切小片；

2. 锅内放油，倒入香葱爆香，加入蟹味菇段、胡萝卜片、白菜片，加盐翻炒；

3. 锅内倒入猪骨汤和豆腐丁，小火继续焖煮 15 分钟即可。

 小·布的叮咛

♥ 猪骨汤是自制高汤的一种，具体做法参照 P269。

♥ 食用豆腐丁时要注意宝宝不要噎到，可先用匙背将豆腐碾碎。

♥ 蔬菜可以根据喜好增加其他种类，如豆芽菜、黑木耳等。

难度指数：★★

菠菜肉松拌豆腐

菠菜中含有丰富的钾、镁及维生素 K，可以促进钙的利用、减少钙流失，所以菠菜搭配豆腐在去除草酸的基础上，有较好的补钙效果。

【食材】 南豆腐 100 克，嫩菠菜叶 20 克，肉松适量，菌菇汤、橄榄油、盐各少许

 **Start !**

1. 豆腐、菠菜叶分别入沸水焯半分钟捞起，豆腐切成小丁，菠菜叶沥干剁碎；

2. 锅内倒入菌菇汤，加油、盐煮沸即成调味汁；

3. 豆腐丁装入碗中，铺上菠菜叶碎，再淋上调味汁、撒上肉松拌匀即可。

 小布的叮咛

♥ 菠菜一定要经过焯水才能去除草酸，才不会形成草酸钙从而影响人体对钙的吸收。

♥ 肉松建议自制，具体做法参照 P95，菌菇汤是自制高汤的一种，具体做法参照 P268。

豆浆面

难度指数：★★

豆浆比黄豆更容易消化吸收，蛋白质含量很高，非常适合宝宝食用。豆浆既可以直接饮用，也可以作为配料广泛应用到宝宝辅食的制作中。

【食材】 黄豆100克，手擀面50克，猪肉酱适量，盐少许

 **Start！**

1. 黄豆洗净，提前一夜浸泡；

2. 将泡发好的黄豆倒入豆浆机，加水300毫升，打成豆浆；

3. 手擀面入沸水煮至软烂，捞出；

4. 豆浆滤渣后加盐调味，倒入手擀面碗中，再调入猪肉酱拌匀即可。

 小布的叮咛

♥ 手擀面和猪肉酱建议自制，具体做法分别参照P74~75和P283。

♥ 没有豆浆机也可用料理机先将黄豆加水打成生豆浆，再煮沸。

难度指数：★★

豆腐鸡肉丸

高蛋白低脂肪的小肉丸，还可以作为手指食物让宝宝自己抓握进食，锻炼手眼协调力。

【食材】 鸡胸肉 30 克，豆腐 20 克，胡萝卜 10 克，橄榄油 3 毫升，鸡汤适量，
盐少许

 Start !

1. 鸡胸肉洗净，切成肉糜，豆腐用刀背压成泥，胡萝卜洗净，切成细丁；

2. 将 3 种食材混合，加入油、盐、鸡汤，使劲用筷子搅拌成有黏性的肉泥；

3. 锅中水烧沸，用勺子舀起肉泥呈丸子状，投入锅内，待丸子浮起即可。

 小·布的叮咛

♥ 鸡汤是自制高汤的一种，具体做法参照 P269。

♥ 鸡肉尽量不要用洋鸡的胸脯肉，豆腐选择嫩豆腐。

♥ 搅拌肉泥时，如果用手抓起反复摔打，可使肉丸弹牙紧致。

青豆香干丁

青豆是未成熟的黄豆，富含不饱和脂肪酸
和大豆磷脂，与香干一样都含丰富的植物
蛋白。

难度指数：★★

【食材】

青豆 60 克

香干 60 克

红彩椒 30 克

橄榄油少许

盐少许

 Start！

1. 青豆剥壳后洗净；

2. 香干、红彩椒分别洗净后切成小丁；

3. 青豆加水及盐在锅里小火焖煮 15 分钟，至豆子软烂；

4. 另起油锅，倒入青豆、香干丁、彩椒丁，加盐翻炒 1 分钟即可。

 小布的叮咛

♥ 建议挑选带壳的青豆，现剥现吃，更加新鲜；青豆一定要先煮熟再炒，否则易导致中毒。

♥ 新鲜的青豆剥出后有层薄软的白色外皮，不用丢弃，煮后口感软嫩。

♥ 青豆建议先压碎再给宝宝吃，以免造成吞食危险。

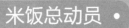

难度指数：★★

彩椒焗饭

奶香浓郁的拉丝奶酪，配着米饭里丰富的
食材，香软可口，彩椒作为容器更让宝宝
爱不释手。

144

【食材】大彩椒1只，米饭、马苏里拉奶酪各35克，鸡胸肉25克，西蓝花20克，洋葱15克，番茄酱适量，橄榄油、盐各少许

 **Start！**

1. 彩椒洗净，上半部分横切一刀，顶部作盖子，下部分挖空当作容器；

2. 西蓝花入淡盐水浸泡10分钟，捞出焯熟后切成小朵，鸡胸肉洗净，汆烫后切成小丁，洋葱洗净，也切丁；

3. 锅内放油，爆香洋葱丁后，倒入鸡肉丁、西蓝花朵，加盐炒熟；

4. 再加米饭和番茄酱拌炒均匀后，将饭装入彩椒容器，用匙背压紧；

5. 炒饭表面均匀撒上马苏里拉奶酪；

6. 烤箱预热，185℃，烤15分钟左右，待奶酪融化、略呈金色即可。

 小布的叮咛

♥若购买的马苏里拉奶酪是块装，需预先切成细丝。

♥如果米饭是冷的，需提前加少许水小火焖煮至湿软。

♥番茄酱建议自制，具体做法参照P279，也可选用白酱，具体做法参照P277。

蛋包饭

蛋包饭的口感酸甜，色彩明艳，造型讨巧，特别能引起宝宝的食欲，加之食材丰富，营养均衡，是非常适合宝宝的一款辅食。

难度指数：★★★

【食材】

鸡蛋 2 枚

米饭 150 克

胡萝卜 20 克

青豆 30 克

猪肉糜 25 克

番茄酱 15 克

橄榄油适量

 Start !

1. 胡萝卜洗净，去皮后切成细丁，青豆洗净，两者一起入油锅，加猪肉糜翻炒片刻，再加半碗水，加盖焖煮至水收干、青豆软烂；

2. 锅中继续加入米饭和 10 克番茄酱，将所有食材翻拌均匀；

3. 鸡蛋敲入碗中，将蛋液打散并搅拌均匀；

4. 另起油锅，将蛋液煎成厚薄均匀的蛋皮，倒上拌好的饭在一边，另一边蛋皮翻过来包裹住米饭，周边用锅铲压紧，装盘后淋上剩余番茄酱即可。

 小·布的叮咛

♥ 番茄酱建议自制，具体做法参照 P279。

♥ 煎蛋皮尽量用平底锅，不粘锅更佳，蛋皮要煎得厚薄一致。

♥ 煎蛋皮不需太多油，油大面积抹匀锅面，蛋液下去后，摇晃锅子将蛋皮摊薄摊匀成圆饼形。

♥ 如果米饭是冷的，需提前加少许水小火焖煮至湿软，放米饭时，表层蛋液最好未完全凝固，这样可以包裹得比较紧，且口感软滑。

水果饭团

难度指数：★

芒果富含胡萝卜素，也有较高的果糖和蛋白质；猕猴桃则是维生素含量很高的水果。两种水果各有特色，果香浓郁清新爽口。

【食材】

猕猴桃 1 只
小台农芒果 100 克
米饭 100 克
蜂蜜 5 克
椰浆适量

 **Start！**

1. 猕猴桃、芒果分别洗净，去皮、核后将果肉切成细丁；

2. 猕猴桃丁搭配蜂蜜，芒果丁搭配椰浆、蜂蜜，分别搅拌均匀；

3. 铺一层保鲜膜，取小堆米饭压实放膜上，在米饭中间放果肉丁，再收拢保鲜膜，将饭团揉捏成球状，顶部露出果肉即可。

 小·布的叮咛

💚 制作饭团前手一定要洗干净，揉捏饭团时双手沾适量凉开水，可增加饭团黏性。

💚 椰浆是制作东南亚菜（尤其是咖喱菜）的原料，一般大超市调料区都能买到。

💚 酸甜口味可以根据喜好调试，加柠檬汁增加酸味，加蜂蜜增加甜味。

💚 猕猴桃、芒果可能引起宝宝过敏，有过敏史的宝宝需谨慎食用。

难度指数：★★

鸡肉咖喱饭

咖喱中含多种香辛料，能开胃、促进食欲。由于原料搭配不同，咖喱可以细分为黄咖喱、红咖喱、青咖喱等十几种，风味各异。为宝宝制作的咖喱菜肴要相对清淡，且要选择无辣味的咖喱佐料。

【食材】
热米饭 40 克
鸡胸肉 30 克
胡萝卜 50 克
土豆 60 克
洋葱 20 克
咖喱块 5 克
植物油适量

 Start！

1. 鸡胸肉焯水后切成小丁，胡萝卜、土豆分别去皮后切成小丁，洋葱切碎；

2. 锅内放油，爆香洋葱后，倒入鸡肉丁、胡萝卜丁、土豆丁翻炒半分钟；

3. 再放咖喱块，加入盖满食材的水，小火焖煮至食材软烂、汤汁浓缩；

4. 将煮好的咖喱鸡和蔬菜淋在米饭上，略带浓稠汤汁即可。

 小布的叮咛

♥ 咖喱要选不辣的，给宝宝制作，用量为成人的 1/3～1/2 即可。

♥ 建议咖喱饭搭配绿叶蔬菜以及清淡可口的汤一起食用，营养更全面。

加油哟！

小寿司

难度指数：★★★

寿司既可作为主食，也可作为方便携带的小食。给宝宝制作新鲜美味的寿司卷，让宝宝把米饭和蔬菜一起吃进小肚子吧！

【食材】珍珠米 150 克，胡萝卜 80 克，黄瓜 100 克，鸡蛋 1 枚，绵白糖 25 克，
　　　　细盐 5 克，纯酿米醋 50 毫升，寿司海苔 2 张，沙拉酱、肉松各适量，
　　　　植物油少许

【工具】寿司帘

 Start！

1. 米醋与绵白糖、细盐混匀，入锅内隔水蒸 30 分钟即成寿司醋；

2. 珍珠米加水煮成饭后，趁热加入适量寿司醋，用饭勺翻拌均匀；

3. 胡萝卜去皮切成细条，入沸水焯 3 分钟，黄瓜切成细条；

4. 锅内放油，将打散的蛋液煎成薄蛋皮后切成细丝；

5. 寿司帘光滑面朝上，将寿司海苔平铺在上面；

6. 将米饭摊开，铺平在海苔上压紧，上下边各留 1 厘米；

7. 米饭中间铺上胡萝卜条、黄瓜条、蛋丝，再加沙拉酱、肉松；

8. 用寿司帘包裹住所有食材卷起，手指内扣压紧、朝前滚动直至卷成形，裹紧定型 10 分钟后拆去寿司帘；

9. 将做好的寿司切成厚度一致的若干小块即可。

 小·布的叮咛

♥ 珍珠米与水 1:1 煮成寿司饭；寿司醋的盐、糖、醋比例为 1:5:10；寿司醋和寿司饭的比例 1:5 混合。

♥ 卷寿司时手掌和手指都要用力扣压，这样馅料不松散，口感紧致。

♥ 可以根据个人喜好，加入更多种类的内馅食材。

♥ 沙拉酱和肉松建议自制，具体做法分别参照 P276 和 P95。

难度指数：★★

自制酸奶

酸奶是牛奶加酸奶菌发酵而成，不但具有牛奶里的蛋白质、钙和多种维生素，还比牛奶更易于被人体消化吸收，不会发生乳糖不耐受导致的胀气情况。酸奶菌里所含的保健菌种类越多，做出的酸奶营养就越高。自制酸奶方法简便，健康无添加，不仅是宝宝，也适合全家一起享用。

【食材】
牛奶 1 升
酸奶益生菌 1 克
白糖 20 克

 Start！

1. 将牛奶倒入奶锅内煮沸；

2. 晾温后，加入益生菌、白糖，搅拌均匀；

3. 装酸奶的容器用开水冲烫消毒，自然晾干；

4. 将调好的牛奶倒入容器，密封，于温暖处静置 8~10 小时即可。

 小布的叮咛

 加油哟！

♥牛奶也可用冲调好的婴儿配方奶来替代。

♥酸奶发酵最适合的温度是 34~35℃，所以冬天可将电饭煲内装入温水，加蒸架，再将酸奶容器置于蒸架上，密封保温。

♥酸奶还可以做成奶油奶酪，方法是将酸奶用纱布或细筛滤去液态的奶清，留下的便是新鲜奶酪。可以直接食用，也可作为辅食原料。

酸奶盆栽木糠蛋糕

传统的木糠蛋糕用大量淡奶油加炼乳制成，脂肪和糖的含量较高。今天这款蛋糕则用酸奶来替代，低糖低脂，健康清新。这个盆栽造型更会引起宝宝的兴趣，作为两餐间小·甜品很适合。

难度指数：★

【食材】

酸奶 150 毫升

消化饼 80 克

奥利奥 50 克

 Start！

1. 消化饼装入保鲜袋内，用擀面杖压成碎末状；

2. 奥利奥去夹心，装入保鲜袋内，用同样的方法压成碎末；

3. 在透明杯底铺一层消化饼碎末，用匙背压紧后淋上一层
   酸奶，继续盖一层消化饼碎末；

4. 再淋酸奶，最上层撒奥利奥碎末即可。

 小·布的叮咛

♥ 酸奶建议自制，具体做法参照 P153（小布的叮咛）。

♥ 保鲜袋要选用较厚材质的（或者使用两层），以免擀压饼干
  时破碎漏出。

♥ 消化饼压紧些，这样分层就比较明显，最上层奥利奥可松散
  些，看起来更像盆栽的泥土。

 再接再厉哟！

苹果酸奶燕麦

难度指数：★

一道简单美味的小甜品，健康和营养指数超高，可增加宝宝的饱腹感，补充蛋白质、微量元素以及食物纤维，还有助于缓解便秘。

【食材】

酸奶 100 毫升

即食燕麦 20 克

苹果 50 克

核桃仁 15 克

蔓越莓干 5 克

 **Start !**

1. 燕麦入锅中，加水 120 毫升煮成稠厚粥状；

2. 苹果去皮，切成小丁，核桃仁、蔓越莓干分别切碎；

3. 将酸奶、苹果丁、核桃仁、蔓越莓干碎一起加入稠燕麦，拌匀即可。

 小·布的叮咛

♥ 煮燕麦时不要加过多水，煮得稠厚一些较好。

♥ 推荐即食燕麦，更加营养健康，酸奶建议自制，具体做法参照

  P153（小布的叮咛）。

难度指数：★

思慕雪

牛油果与香蕉、酸奶组合，蛋白质和不饱和脂肪酸含量较高，口感香甜润滑，是非常适合宝宝的健康美味的奶昔。

【食材】

香蕉肉 80 克
牛油果肉 60 克
酸奶 100 毫升
凉开水适量

 Start！

1. 香蕉肉、牛油果肉分别切成小丁；
2. 将水果肉丁倒入料理机，加酸奶、凉开水，打成细腻糊状即可。

 小布的叮咛

♥ 酸奶建议自制，具体做法参照 P153（小布的叮咛）；牛油果的处理方法与操作要点可参照 P51。

♥ 牛油果和香蕉都是易氧化的水果，因此做好的奶昔要尽快吃掉。

♥ 香蕉要选择熟透的，且去除黑心，防止口感发涩。

酸奶芝士蛋糕

难度指数：★ ★ ★

这款蛋糕香浓细滑、略带酸甜，类似冰激凌的口感，是非常适合宝宝的夏日甜品。

【食材】奶油奶酪 200 克，酸奶 180 克，淡奶油 100 克，消化饼 80 克，黄油、
　　　　绵白糖各 30 克，柠檬汁 10 毫升，吉利丁粉 10 克，冰水 50 毫升

【工具】6 寸活底蛋糕模、手动打蛋器、擀面杖

 **Start！**

1. 消化饼放入厚实的保鲜袋，用擀面杖压成饼干碎；

2. 黄油用微波炉加热，融化成液态后倒入饼干碎；

3. 将黄油饼干碎倒入蛋糕模，用匙背压紧实，盖保鲜膜置冰箱冷藏；

4. 吉利丁粉用冰水 50 毫升浸泡，不要搅动，待 15 分钟后吉利丁粉吸满水，再轻轻搅动，

如颗粒仍未融化，可隔水加热；

5. 奶油奶酪加糖，隔温水用手动打蛋器搅打成细腻无颗粒糊状；

6. 加入酸奶、淡奶油、柠檬汁、吉利丁粉水，搅拌成奶酪糊；

7. 将蛋糕模中的饼干碎整块取出放入锅中，倒入奶酪糊，轻震两下去气泡，表面刮平整；

8. 盖保鲜膜置冰箱冷藏3小时以上即可。

 小布的叮咛

💜 这款蛋糕不需要用到烤箱，凝固靠吉利丁粉，吉利丁粉要充分溶解于水。

💜 奶油奶酪建议自制（具体做法参照 P153 小布的叮咛），步骤 5 中也可用料理机搅打奶酪成细腻糊状。

💜 由于是冷藏的甜品，宝宝每次食用 50 克足够。

Part **6**

这么快，
一岁半啦

★ 一岁半到三岁的宝宝餐严格来说已属于儿童餐了。这阶段宝宝乳牙逐渐萌发完全，肠胃功能不断完善；可以选择的食物种类更丰富，即使是过敏体质的宝宝也可再次尝试曾经过敏的食物。

★ 可与大人一起吃饭，菜的调味保持清淡细软。

★ 一日三餐之余，安排 2-3 次奶类、水果和健康点心；控制量，不建议吃市售糖果和饼干类。

★ 每周吃 1 次动物肝脏或动物血，吃 2-3 次鱼虾，每日肉类控制在 50 克左右。

"大人菜" 也可以吃 •

素炒三丝

难度指数：★★

此道菜既可提供丰富的大豆蛋白和胡萝卜素，还有多种矿物质以及大量纤维素，常食可为宝宝的健康保驾护航。

【食材】 芹菜 30 克，胡萝卜、豆皮各 25 克，橄榄油、盐各少许

 **Start！**

1. 芹菜洗净，去叶后切成段，胡萝卜、豆皮分别洗净后切成丝；

2. 锅内放油，微热后加入胡萝卜丝翻炒片刻；

3. 再加芹菜段、豆皮丝、盐和少量水焖煮 1~2 分钟，至胡萝卜丝变软即可。

小·布的叮咛

♥ 3 种食材切丝长度尽量一致，若无豆皮也可用味淡的豆腐干替代。

♥ 胡萝卜丝先用油炒再煮软，最利于宝宝对营养的吸收。

♥ 也可以根据宝宝口味来搭配其他食材制作三丝，比如土豆丝、莴笋丝、豆芽等。

难度指数：★★

红烧土豆牛肉

牛肉富含优质蛋白、铁和锌，可健脾胃。土豆除了淀粉，所含蛋白质和微量元素也很丰富。再搭配新鲜细嫩的油菜心，更补充了膳食纤维及维生素C。合理的荤素搭配为宝宝提供了均衡的营养。

【食材】 牛肉、土豆各100克，油菜嫩心3棵，香葱1根，八角2小瓣，老抽、生抽、盐、橄榄油各少许

 **Start！**

1. 牛肉洗净后切成小块，加生抽、盐拌匀，土豆洗净，去皮后切成小块；

2. 锅内放油，倒入香葱爆香，再加入牛肉块、土豆块翻炒至有香味；

3. 锅中加老抽、八角和适量水后，将所有食材连同汤汁移入砂锅，小火焖煮2小时至肉软烂；

4. 油菜嫩心洗净，入盐开水焯半分钟捞起，配在土豆牛肉上即可。

 小·布的叮咛

♥ 建议选择细嫩的牛里脊肉为佳。

♥ 牛肉要炖得软烂，也可借助压力锅，省时省力。

♥ 食用时可用剪刀将牛肉块再剪细碎些，便于宝宝咀嚼。

香菇木耳鸡

难度指数：★★

这道菜鲜美营养，适合全家一起食用。给宝宝吃剪成小块的鸡肉和香菇木耳，或者把鸡腿、鸡翅直接给宝宝手抓着啃咬。

【食材】整鸡1只，洋葱30克，干香菇25克，干木耳10克，蚝油15毫升，黄酒5毫升，姜3薄片，盐、植物油各适量

 Start！

1. 香菇、木耳提前2小时浸泡，去除根部，香菇切片，木耳撕成小朵；

2. 将整鸡剁成小块，洗去血沫后沥干；

3. 洋葱洗净，切成小段，姜片洗净；

4. 锅内放油，倒入鸡块，小火煎至鸡肉表面略呈金黄色；

5. 锅中倒入洋葱段、姜片爆香；

6. 继续加入香菇片、木耳小朵；

7. 加蚝油、黄酒、盐翻炒；

8. 锅中加水（没过食材），关盖小火焖煮至鸡肉软烂、汤
   汁略收干即可。

加油哟！

小·布的叮咛

♥鸡肉推荐养殖时间3个月

以上的家养鸡，肉质不会

过于软烂，味道鲜美。

♥黄酒推荐用3年以上的花

雕酒。

木樨肉

难度指数：★★

木樨肉是因黄色的鸡蛋形似木樨（桂花）而得名。此道菜取材丰富，营养搭配较为均衡，口感清淡鲜美。

【食材】鸡蛋 1 枚，猪肉 50 克，黄瓜、胡萝卜各 30 克，干黄花菜 10 克，干黑木耳 3 克，橄榄油 3 毫升，淀粉 1 克，盐少许

 Start !

1. 黑木耳、黄花菜分别提前浸泡，泡发后黑木耳去根部，撕成小朵，黄花菜切成小段；

2. 鸡蛋均匀打散，猪肉切成小片，黄瓜、胡萝卜分别切成小丁，淀粉加 10 倍水调成薄芡汁；

3. 锅内放 1/3 油，倒入蛋液翻炒至凝固，用锅铲切成小碎片后盛起；

4. 锅内放余油，加入肉片、所有蔬菜和盐翻炒片刻，再加鸡蛋片和适量水，关盖焖煮半分钟至食材软烂略收汁，倒入薄芡汁拌匀即可。

 小·布的叮咛

♥ 勾芡的淀粉推荐用土豆淀粉，颜色清亮、不易散芡。

♥ 新鲜的黄花菜有毒，干品选购时闻一下有无刺鼻气味，以防买到硫磺熏制过的。

难度指数：★★★

葱香鱼块

草鱼是我国四大淡水鱼之一，味甘，性温，可暖胃平肝。葱香鱼块是草鱼的家常做法，鲜嫩可口。

【食材】草鱼肉（肚皮附近）200克，香葱2根，姜3薄片，植物油15毫升，盐、生抽、白酒各少许

 **Start !**

1. 草鱼肉切长条，沥干水后加盐均匀擦在表面，静置1小时，香葱洗净，切成葱白和葱花；

2. 油锅烧热，鱼块入锅内略煎，待一面煎至微黄，再翻面煎，直至表面呈白色或金黄色；

3. 利用锅内余油将葱白、姜片爆香，倒入白酒和水（没过鱼块），关盖大火焖煮；

4. 待锅中汤汁变白，水分浓缩至一半时撒上葱花、淋上生抽即可。

 **小布的叮咛**

♥ 草鱼建议选取2斤左右的，过大的油脂多，过小的骨刺多。

♥ 尽量选择肚皮附近的鱼肉，那里的鱼刺大且长，很容易剔除。

蜜汁脱骨鸡翅

鸡翅除了含有易消化的优质蛋白外，还有较丰富的胶原蛋白，利于宝宝皮肤、血管和结缔组织的发育。搭配蔬菜一起，香而不腻，营养更均衡。

难度指数：★★★

【食材】鸡翅中5只，胡萝卜1小根，大土豆半只，蜂蜜、蚝油、生抽、盐各适量

1. 鸡翅中洗净，用手将骨、肉剥离，使鸡皮和鸡肉较完整地脱下；

2. 土豆、胡萝卜洗净，去皮后切成细丝，将适量细丝塞入已脱骨的鸡翅中；

3. 将鸡翅中抹上盐、生抽、蚝油，搅拌均匀，腌制半天；

4. 鸡翅中表面刷上蜂蜜，放于烤盘内，烤箱200℃，预热后放入中层烤15分钟，至表面呈金黄色即可。

 小布的叮咛

♥ 尽量选购新鲜或冰鲜的鸡翅。

♥ 去骨时尽量使两面的皮肉完整，这样烤后才不会变形。

♥ 脱去骨的鸡翅配上软糯的胡萝卜和土豆，适合作手抓小食。

糖醋排骨

糖醋排骨富含蛋白质，营养丰富，且口感酸甜，其中的醋可以提高人体对排骨中钙的吸收，所以是很受欢迎的一道开胃家常菜。

难度指数：★★

【食材】

肋排 300 克

白糖 10 克

姜 3 薄片

黄酒 5 毫升

陈醋 15 毫升

老抽 10 毫升

植物油 10 毫升

 Start！

1. 将黄酒、老抽、陈醋、白糖混合成调味汁；

2. 肋排斩成小段后洗净，入沸水汆去血水，至再次沸腾时捞起；

3. 锅内放油，倒入排骨煎至两面金黄，再加入姜片翻炒片刻；

4. 排骨淋上调味汁，再加入淹没排骨的水，关盖大火煮沸后小火焖煮，焖煮至骨、肉可轻易分离，汤汁呈浓稠状即可。

再接
再厉哟！

 小·布的叮咛

♥ 此做法是简单版，可以省去传统做法中先油炸、再炒糖色的环节。

♥ 排骨表面可点缀一些熟的白芝麻。

蜜汁叉烧

猪肉纤维较为细软，结缔组织较少，富含人体所需的全部必需氨基酸，以及铁，B族维生素等微量元素。

难度指数：★★

【食材】猪肉500克，蒜籽10克，蜂蜜（腌料75克/涂抹30克），米酒25克，
红曲粉5克，姜3薄片，生抽、蚝油各50毫升

1. 猪肉洗净，切成长条；

2. 蒜籽切小块，与蜂蜜、生抽、蚝油、米酒、红曲粉、姜片混匀成腌料；

3. 猪肉条和腌料一起装入有拉锁的密封袋内，揉捏一会，将密封袋置冰箱冷藏24~48小时；

4. 腌好的肉条沥干汁水，正反面抹上蜂蜜，放在烤架上，下面垫上装有锡纸的烤盘；

5. 烤箱预热，上下火均为200℃，烤10~15分钟后取出肉条翻面，正反面再抹蜂蜜；

6. 继续烤10~15分钟，至肉条表面变得较干爽即可。

 小·布的叮咛

♥ 建议选择夹有白色脂肪丝的肉块做原料，口味更佳。

♥ 红曲粉是天然色素，主要是增色用，没有也无妨。

♥ 烤制而成的叉烧，不适合体质较热和便秘的宝宝食用。

♥ 食用时要去除烧焦部分，可以直接切片食用，也可做炒饭配料、卷饼馅料等。

红焖带鱼

带鱼的不饱和脂肪酸和蛋白质含量很高，常给宝宝吃可以开胃益气，健脑益智，乌黑头发。

难度指数：★★

【食材】带鱼250克，红色彩椒半只，姜2薄片，香葱1根，白酒、老抽各3毫升，
橄榄油、盐各少许

 **Start！**

1. 彩椒洗净，切成细丁，姜片、香葱切成细丝；

2. 带鱼洗净，去除内脏及内壁上的黑膜；

3. 将带鱼切成长段，表面均匀抹上盐，倒入白酒腌制30分钟；

4. 带鱼段入锅前可用厨房纸吸干白酒，锅内放油，将带鱼段小火慢煎至金色，翻面继续煎；

5. 带鱼两面煎黄后，加入彩椒丁、姜丝、葱丝、油爆香；

6. 再加老抽和适量水，关盖小火焖煮收汁，至汤汁色泽变浓即可。

 **小布的叮咛**

♥ 带鱼表面的银色不必刮去，越新鲜的带鱼银色越多。

♥ 煎好带鱼的关键是事先腌制，鱼段要干爽，不要着急翻面。

♥ 鱼汁不必收干，用来浇在饭上特别美味。

造型可爱，口感鲜嫩，富含蛋白质，是宝宝喜爱的一道美食。

熊猫宝宝珍珠丸子

难度指数：★★★

【食材】

大米 100 克

猪肉 120 克

荸荠 35 克

香葱 1 根

熟海苔 5 小片

鸡蛋 1 枚

盐少许

 **Start！**

1. 大米淘净，提前浸泡 1 小时；

2. 猪肉、荸荠、香葱分别洗净后剁碎，加入少许蛋清和盐，朝一个方向搅拌至肉有黏性；

3. 取小团肉糜做成丸子状，沾上剩余蛋清，外层覆上薄薄一层大米，入锅内大火蒸 20 分钟；

4. 海苔用模具或剪刀做出熊猫的眼睛、嘴巴、耳朵造型，分别贴在丸子上即可。

 **小布的叮咛**

♥ 摆盘时，妈妈可以和宝宝一起来贴"熊猫宝宝"的表情，增加互动的乐趣。

再接再厉哟！

176

难度指数：★★★

向日葵豆腐鱼蓉

豆腐缺乏蛋氨酸和赖氨酸，鱼肉中缺乏苯丙氨酸，两者一起可以互补，蛋白质种类更多样。鱼肉中所富含的维生素D还能促进豆腐中钙的吸收。

【食材】

鳕鱼 80 克

石膏豆腐 50 克

鸡蛋 1 枚

胡萝卜 1 小段

青豆 20 颗

橄榄油、芝麻油、盐、白胡椒粉各少许

 **Start！**

1. 鳕鱼洗净沥干水，与豆腐一起剁成泥，加盐、芝麻油、白胡椒粉拌匀后放入碗内，用匙背压紧，碗入蒸锅，大火蒸20分钟后倒去多余水分，倒扣在大盘子里；

2. 锅内放橄榄油，将打散的蛋液倒入锅中煎成黄色蛋皮，再切成细长条；

3. 胡萝卜段、青豆入盐开水焯10分钟捞出，胡萝卜切薄片，再分成半圆形；

4. 将蛋皮条、青豆、胡萝卜片按上图所示摆盘，点缀在豆腐鱼蓉之上即可。

 小·布的叮咛

♥ 豆腐不要选择日本豆腐（其中含大量的化学添加剂），应选择石膏豆腐、卤水豆腐，或是自制豆腐（具体做法参照P137）。

♥ 建议将青豆先压碎再给宝宝吃，以免造成吞食危险。

♥ 鳕鱼也可用三文鱼、鳜鱼、多宝鱼等其他无刺或已去骨的鱼肉替代。

难度指数：★★

小兔子果味炒饭

加入水果的炒饭清新且略带酸甜，可口开胃，设计成可爱的造型，会让宝宝爱上吃饭。

【食材】叉烧25克，红彩椒15克，猕猴桃40克，西蓝花35克，米饭50克，烤海苔1片，葱白1根，小番茄2颗，橄榄油、盐各少许

1. 叉烧、红彩椒切成小丁，猕猴桃去皮后切小丁，葱白切小段；

2. 西蓝花摘成小朵，入盐开水中焯熟后捞起；

3. 锅内放油，爆香葱白段后，加入彩椒丁、叉烧丁翻炒；

4. 倒入米饭，再加盐、猕猴桃丁，转小火翻拌均匀；

5. 炒好的米饭倒入模具内压紧实，模具倒扣在碟子上，脱模；

6. 将烤海苔片剪出小兔子的眼睛、鼻子和嘴巴；

7. 用小番茄做出小兔子造型，最后将西蓝花、番茄兔摆盘装饰即可。

小布的叮咛

♥ 猕猴桃也可以用菠萝、哈密瓜等替换，炒饭的原料可以自由搭配。

♥ 如果米饭是冷的，需要事先加少许水小火焖煮至软。

♥ 叉烧建议自制，具体做法参照 P173。

难度指数：★★★

蘑菇包

蘑菇包造型逼真，制作方法也不复杂，味道更是香甜可口。

【食材】面粉 150 克，酵母 3 克，温水 75 毫升，枣泥馅、可可粉各适量

 **Start !**

1. 面粉加入酵母和温水，揉成面团，充分发酵；

2. 将发酵好的面团分成若干重约 25 克的小面团，逐一用擀面杖压成圆形面片，周边薄中间厚，正中放上枣泥馅；

3. 将圆形面片的周边提起，边收口边捏紧直到完全封口；

4. 包子捏口朝上，将光滑一面沾上可可粉，面积可稍大些；

5. 依次做好剩余面团，包子静置 15 分钟，待锅中水烧沸，上锅蒸 15 分钟即可。

 小·布的叮咛

♥面粉发酵的方法具体参照 P22~23。

♥枣泥馅建议自制，具体做法参照 P271，内馅的口味可根据个人喜好选择。

♥可可粉建议选大品牌的，可于网店购买。

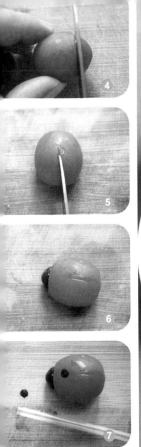

吐司水果拼盘

斑斓的色彩，卡通的画面，新鲜丰富的食材，足以吸引宝贝的所有注意力，来做一顿有故事的美丽早餐吧。

【食材】

白吐司 1 块

火腿 1 块

奶酪片 1 块

蓝莓 20 克

蔓越莓干 5 克

猕猴桃 1 个

小番茄 3 颗

难度指数：★★

 Start！

1. 白吐司去硬边，切出房屋和房顶形状，火腿片剪出窗户、门以及房顶形状，奶酪片剪成圆形，如上面大图所示，将处理好的食材摆出小房子造型；

2. 猕猴桃去皮，切成半圆形片状，摆出树冠造型，蓝莓果拼成树干；

3. 小番茄对半横切，取一半做太阳，周围均匀摆上蔓越莓干；

4. 小番茄 1/4 处纵切，留 3/4 做甲壳虫身；

5. 尾部对半切一刀，做甲壳虫展翅状；

6. 取蓝莓小部分，做甲壳虫头，与甲壳虫身前端连接起来；

7. 蓝莓皮刮去果肉，用细吸管在蓝莓皮上扣压出几个小黑点，粘在甲壳虫身上即可。

 小·布的叮咛

♥ 妈妈也可以根据手边的食材任意搭配、发挥，设计独具个性的画面，如果宝宝有兴趣，也一起参与进来。奶酪片属于再制奶酪，大型超市购买很方便。

 娃娃脸通心粉

难度指数：★★

娃娃脸通心粉不仅有可爱的脸蛋，也有可口的味道，丰富的营养，让宝贝们面带微笑，拥抱充满活力的一天吧。

【食材】 螺丝状通心粉35克，胡萝卜25克，黄瓜20克，洋葱15克，鸡蛋1枚，蓝莓2颗，植物油适量，番茄酱、生抽各少许

Start !

1. 通心粉加冷水在锅内小火煮至可以用筷子轻易夹断后，捞起；

2. 胡萝卜、黄瓜切成薄片，用模具或剪刀做出造型，洋葱切丁；

3. 锅内放油，爆香洋葱丁，倒入胡萝卜片、黄瓜片炒软，再加通心粉、生抽翻炒均匀；

4. 鸡蛋打散后，入油锅煎成圆形煎蛋；

5. 煎蛋做娃娃脸，通心粉做头发，蓝莓做眼睛，挤出番茄酱做嘴巴，再加胡萝卜片、黄瓜片装饰即可。

小·布的叮咛

♥ 煎蛋时可利用圆形煎蛋器，或者洋葱圈，比较容易煎成圆形。

♥ 通心粉也可换成意面。

汤汤水水，多滋润 •

海带排骨黄豆汤

难度指数：★

黄豆和排骨富含植物蛋白和动物蛋白，也含有钙、铁、维生素B、磷等多种营养素。海带黄豆排骨汤是一道十分受欢迎的家常汤品，汤中的海带可促进宝宝对钙的吸收，有利于宝宝骨骼的发育。

【食材】排骨 200 克，干海带 25 克，黄豆 35 克，姜 3 薄片，盐少许

 **Start！**

1. 黄豆、海带提前一夜浸泡，黄豆泡发至跟新鲜的差不多大，剔除坏豆、僵豆，海带搓净后打成结；

2. 排骨入沸水汆去血沫，与黄豆、海带结、姜片同入砂锅，加 3 倍水，大火煮沸后转小火慢炖，至所有食材都软烂加盐调味即可。

 小·布的叮咛

♥ 质量好的海带一般比较厚实、干燥，色呈黑褐或深绿，边缘无碎裂或色泽发黄。

♥ 建议购买颗粒小的农家自种黄豆，转基因黄豆一般颗粒较大，比较圆。

♥ 建议将黄豆先压碎再给宝宝吃，以免造成吞食危险。

难度指数：★

胡萝卜玉米肉骨汤

这道汤品健脾、开胃、润燥，鲜美甘甜，可作为宝宝的日常保健汤水。

【食材】猪脊骨250克，胡萝卜、玉米各1根，姜3薄片，盐少许

 Start !

1. 胡萝卜洗净，去皮后切成小块，玉米洗净，切成小段，猪脊骨入沸水汆去血沫；

2. 将胡萝卜块、玉米段、猪脊骨、姜片同入砂锅，加3倍水，大火煮沸后转小火焖炖，至骨肉软烂加盐调味即可。

 小布的叮咛

♥脊骨也可换成排骨或扇骨，筒骨较为油腻，不太适合3岁以内孩子。

♥不要让宝宝只喝汤，大部分营养仍然保留在食材中。

鸭腿冬瓜汤

难度指数：★

这道汤尤其适合宝宝在炎热的夏季食用，具有消食和胃，利水消肿及解毒的功效。

【食材】

鸭腿 1 只

冬瓜 200 克

薏米 25 克

姜 2 薄片

盐少许

 **Start！**

1. 薏米洗净，提前浸泡 2 小时，鸭腿洗净，切去脂肪后入沸水汆去血沫；

2. 将冬瓜表皮擦洗干净，去籽、瓤后切成大小适中的带皮冬瓜块；

3. 鸭腿、冬瓜块、姜片、薏米加适量水一起入盅，隔水炖 2 小时，至食材软烂加盐调味即可。

 小·布的叮咛

♥ 煲汤时，带皮冬瓜的清热去火效果更好。

♥ 建议挑选水鸭（蚬鸭），食疗功效最佳。

难度指数：★

奶酪南瓜浓汤

南瓜所含的 β - 胡萝卜素在人体内可转为维生素 A，另外，南瓜中的锌可参与人体核酸及蛋白质合成，加之奶酪中丰富的优质蛋白，这道浓汤有助于宝宝身体的全面发育。

【食材】

南瓜 100 克

奶油奶酪 35 克

白酱 50 克

盐少许

 **Start !**

1. 南瓜洗净，去皮、籽后切成小片，入锅内隔水蒸 15 分钟；

2. 将蒸软的南瓜片用匙背压成细泥，加入白酱、奶酪以及适量水；

3. 锅中浓汤煮至奶酪融化、汤体浓稠，加盐调味即可。

 小布的叮咛

♥ 奶油奶酪、白酱均建议自制，具体做法分别参照 P153（小布的叮咛）
和 P277。

♥ 南瓜选用成熟的老南瓜，挑选方法见 P46。

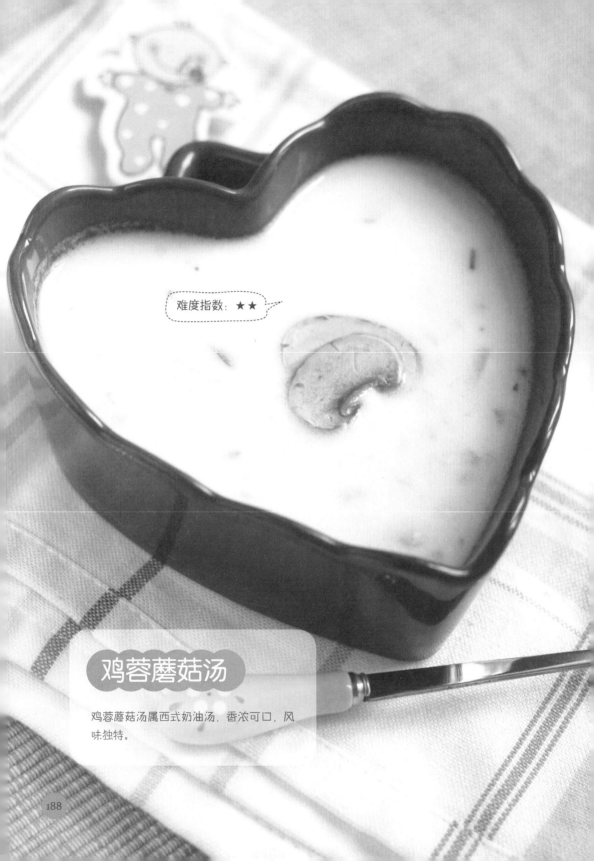

难度指数：★★

鸡蓉蘑菇汤

鸡蓉蘑菇汤属西式奶油汤，香浓可口，风
味独特。

【食材】

鸡胸肉 25 克

鲜蘑菇 30 克

洋葱 20 克

黄油 20 克

面粉 15 克

婴儿配方奶 250 毫升

鸡汤 100 毫升

白胡椒粉少许

盐少许

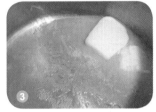 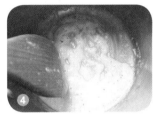

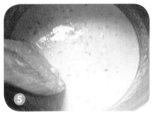  

 Start !

1. 鸡肉洗净，剁成肉糜；

2. 鲜蘑菇、洋葱洗净后分别剁成碎末；

3. 黄油在锅内慢慢加热至融化；

4. 倒入面粉翻炒成无颗粒糊状；

5. 再加少量洋葱碎翻炒片刻，慢慢倒入配方奶，边倒边搅拌；

6. 拌匀后再倒入鸡汤，加入蘑菇碎、剩余洋葱碎和肉糜，煮沸后小火焖 3 分钟；

7. 出锅前加盐、白胡椒粉调味即可。

 小布的叮咛

♥ 面粉糊混合配方奶时要逐步倒入并不断搅拌，以免形成面粉颗粒。

♥ 鸡汤是自制高汤的一种，具体做法参照 P269。

罗宋汤

罗宋汤包含的食材多样，营养丰富均衡，
口感香浓，酸甜开胃。

【食材】牛肉 100 克，番茄 60 克，胡萝卜、土豆、洋葱各 40 克，卷心菜 30 克，
番茄酱 50 克，黄油、面粉各 5 克，盐少许

1. 牛肉洗净，切成小丁，入沸水氽熟后加水适量炖煮至软烂；

2. 番茄、胡萝卜、土豆、洋葱分别洗净后切成小丁，卷心菜手撕成小片；

3. 面粉放在锅内翻炒成微黄色，盛出晾温；

4. 锅内加热黄油至融化，爆香洋葱丁，再加所有蔬菜翻炒片刻；

5. 锅中倒入煮熟的牛肉及其汤汁，加入番茄酱、盐，小火焖煮 20 分钟；

6. 将炒黄的面粉加少许水调成面糊倒入汤内，稍煮片刻即可。

小·布的叮咛

♥番茄酱建议自制，具体做法参照 P279。

♥给宝宝吃的牛肉宜选用较瘦的牛里脊。

加油哟！

能量下午茶 •

葡萄苹果汁

难度指数：★

葡萄中所含的类黄素具有强抗氧化功能，可去除自由基。葡萄苹果汁健脾胃，尤其适合消化能力较弱的宝宝。

【食材】 紫葡萄 200 克，苹果 1 个

 **Start！**

1. 葡萄剪成小颗，用面粉加清水浸泡 15 分钟后轻轻搓揉，再洗净；

2. 葡萄切开，去蒂、籽，苹果洗净，取果肉切成小块；

3. 将葡萄肉、苹果块倒入料理机，加适量凉开水打成汁后用细筛过滤即可。

 **小·布的叮咛**

♥ 葡萄皮富含花青素，营养价值很高，建议保留。

♥ 剪葡萄的时候注意不要破皮，葡萄可选用无籽的，处理起来更方便。

难度指数：★

松仁玉米汁

松仁玉米汁香甜可口，富含纤维素和维生素 E，常喝有利于肠道蠕动，还能促进宝宝生长。

【食材】 玉米 2 根，松子仁 25 克，蜂蜜适量

 Start！

1. 玉米洗净入锅，加水 1000 毫升，大火煮沸后转小火煮 10 分钟，捞出晾温后剥出玉米粒；

2. 将玉米粒、松子仁倒入料理机，加煮玉米的水打成玉米汁，再加蜂蜜调味即可。

 小·布的叮咛

♥ 玉米要选嫩的甜玉米或糯玉米，口感清甜渣少。

♥ 建议手剥玉米，虽然会麻烦些，但是玉米的胚芽部分保存下来，营养更好。

♥ 打好的玉米汁若渣较多，可用细筛过滤。

胚芽核桃饮

难度指数：★

这道饮品营养价值很高，富含优质蛋白以及维生素 E、维生素 B₁ 等营养素。

【食材】

生核桃 2 只
小麦胚芽 15 克
婴儿配方奶 250 毫升

 Start！

1. 生核桃剥壳取肉；

2. 配方奶倒入料理机，加核桃肉打至细碎无渣；

3. 将打好的核桃奶倒入杯中，撒上小麦胚芽即可。

 小·布的叮咛

♥小麦胚芽是小麦发芽及生长的器官之一，集中了
小麦的营养精华。不需要加热，可以直接撒在饮
品上食用。

难度指数: ★

红枣炖雪梨

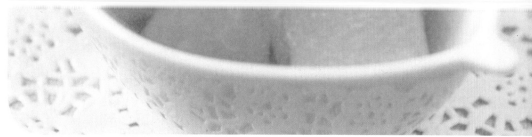

这道辅食有清心润肺、清热生津的功效，可当作甜品给宝宝食用，尤其适合作为干燥季节的日常饮品。

【食材】

雪梨 2 个

红枣 3 颗

 **Start !**

1. 雪梨洗净，去皮、核后果肉切成小块，放入小盅；

2. 小盅中加入红枣及适量水，隔水炖 1 小时即可。

 小·布的叮咛

♥ 可加少许冰糖一起炖煮，口感更清甜。

♥ 建议将梨块连同汁水一起给宝宝食用。

猪肉脯

猪肉脯鲜美醇香，咸甜适中，富含蛋白质、钙、铁、磷等营养元素。适合作为宝宝的餐间小食补充能量。

难度指数：★★★

【食材】

猪肉 400 克

蚝油 10 毫升

老抽 5 毫升

米酒 5 毫升

蜂蜜适量

胡椒粉少许

白芝麻少许

Start！

1. 猪肉洗净，剁成细碎的肉糜；

2. 将老抽、米酒、蚝油、胡椒粉混合，翻拌成腌渍调料；

3. 将肉糜、腌渍调料混合均匀，静置 30 分钟；

4. 烤盘铺一层油纸或锡纸，放上肉糜，盖上保鲜膜，用擀面杖压成厚薄均匀的片状，再均匀撒上白芝麻；

5. 烤箱预热，180℃烤 15 分钟后取出烤盘；

6. 倒去多余汁水，肉脯表层涂抹蜂蜜后再烤 15 分钟至肉脯略干，晾温后切成小片即可。

小布的叮咛

♥猪肉挑选全瘦干爽的新鲜肉，若带肥肉则出油很多，容易造成空缺。

♥片状肉脯的厚度大约为 0.5 厘米，太薄容易烤焦，太厚则不容易烤干爽。

牛油果鸡蛋三明治

作为一道快手点心，这道三明治健康营养且不失美味，高蛋白低油脂，清淡的香甜，很适合给宝宝做餐间点心。

难度指数： ★★

【食材】

牛油果半只

鸡蛋 1 枚

全麦吐司 4 片

沙拉酱适量

酸奶适量

 Start !

1. 鸡蛋整只煮熟后去壳，切成小碎丁，拌上酸奶；

2. 牛油果切开后，用小匙挖出果肉，取适量沙拉酱拌匀；

3. 鸡蛋碎、牛油果泥分别涂抹在切去硬边的土司片上；

4. 将土司片依次重叠，沿对角线切开，再对半切开即可。

 小·布的叮咛

💙 沙拉酱和酸奶建议自制，具体做法分别参照 P276 和 P153。

💙 牛油果的选购和操作要点见 P51。

 再接再厉哟！

燕麦能量棒

难度指数：★★

燕麦片中添加多种果仁、干果、蜂蜜和配方奶，高纤低脂，是一款很适合宝宝的健康零食。

【食材】 燕麦100克，熟核桃仁碎50克，熟杏仁片、蔓越莓干各30克，熟黑芝麻20克，葡萄干35克，蜂蜜50克，婴儿配方奶30毫升

 **Start !**

1. 将所有食材混合并搅拌均匀；
2. 将拌匀后的食材倒入有一定厚度的烤盘，用匙背轻压使其表面平整；
3. 烤箱预热，180℃中层，烤15分钟后再转至135℃烤10分钟，关火后焖10分钟；
4. 晾温后切成条状（宽度、长度都适合宝宝用小手抓食）即可。

 小·布的叮咛

♥ 混合的食材，干湿比例要恰当，以捏揉在一起不松散为佳，也不宜过湿，会难以烤熟。

♥ 杏仁片、核桃仁、黑芝麻可提前放入烤盘内，185℃烤5分钟左右即熟。

♥ 可根据个人喜好加入其他种类的干果或果仁。

♥ 食材入烤盘时不要压得太紧，否则会造成口感过硬。

此道甜品色泽缤纷，均由天然色彩构成，健康美味，开胃解暑，是理想的夏季甜品。

彩虹布丁

【食材】

红豆布丁：

红豆50克，白糖30克

水250毫升，吉利丁片5克

芒果布丁：

小台农芒果4只，凉开水50毫升

白糖15克，吉利丁片5克

奶味布丁：

婴儿配方奶200毫升

椰浆粉15克

白糖20克，吉利丁片5克

难度指数：★★★

Start！

1. 吉利丁片提前用冰水浸泡至软；

2. 红豆布丁：红豆加水、白糖煮至软烂，晾温后加入泡软的吉利丁片搅拌至融化，待冷却倒入布丁瓶1/3处，置冰箱冷冻凝固；

3. 芒果布丁：芒果肉加凉开水用料理机打成果泥，再加白糖、泡软的吉利丁片加热至融化（切勿加热至沸），待冷却倒入布丁瓶2/3处，置冰箱冷冻凝固；

4. 奶味布丁：配方奶倒入锅中，加入椰浆粉、白糖、泡软的吉利丁片加热至融化，待冷却倒入布丁瓶，置冰箱冷冻凝固即可。

小·布的叮咛

♥ 制作分层布丁的关键是倒入第二层和第三层时，煮热的布丁汁要充分冷却，否则会把底下的布丁层融化，导致分层失败。三层的高度尽量一致，看起来才整齐漂亮。

♥ 宝宝食用时一定要小口，大人在一旁照看，以防噎住造成危险。

橙香小蛋糕

指数：★★★

松软的小蛋糕，具有独特的清新橙香，能刺激食欲，补充能量，作为餐间小点最适合不过。

【食材】鸡蛋3枚，橙子1只，低筋面粉100克，
白糖70克，橄榄油25毫升，盐1克

Start！

1. 橙子洗净，切半，挤出汁水35毫升；

2. 橙子外皮用少许盐搓洗，冲净后切下，取橙皮25
克剁成丁，与白糖20克拌匀后静置2小时；

3. 鸡蛋敲入碗中，加入剩余的盐和白糖，将蛋液搅打均匀；

4. 蛋液入锅中，隔水加热至40℃，注意边加热边搅动；

5. 用打蛋器快速搅拌加热后的蛋液，至蛋液全部打发完成；

6. 向打发好的蛋液里筛入面粉，翻拌成无颗粒的蛋糕糊；

7. 倒入油、橙汁及腌好的橙皮丁，继续翻拌均匀；

8. 将蛋糕糊倒入小纸杯中8分满，烤箱预热，上火180℃，下火160℃，下层12~15分钟，

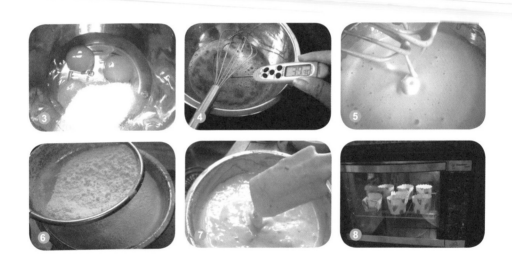

●切橙皮时不要靠近橙肉的白色橘络部分，否则会导致口感苦涩。

●蛋糕是否蓬松在于全蛋的适当打发，蛋液加热至40℃有利打发，新鲜鸡蛋能使打发更顺利；
判断蛋液打发完成有以下标准：蛋液体积变大、色泽变白，搅打时出现较明显纹路，蛋液
变得稠厚呈凝固状。

●搅拌蛋糕糊要尽量轻快，以避免消泡，也要注意拌均匀，以免造成有生心和沉底现象。

蜜豆司康

司康饼(scone)是传统的英式点心，制作便捷，口感香浓，外脆内软，可以包裹各种食材，变化多样，咸甜皆宜。传统做法是以泡打粉和小苏打为膨松剂，这里以用酵母，更天然健康，适合作为宝宝辅食。

难度指数：★★★

【食材】低筋面粉 200 克，蛋黄 1 个，蜜豆 50 克，黄油 25 克，婴儿配方奶粉 30 克，酵母 3 克

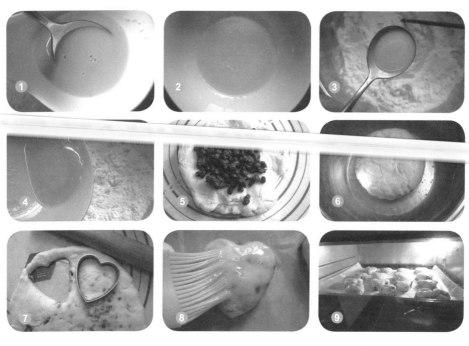

Start！

1. 酵母用温水 15 毫升溶解成酵母液；
2. 黄油微波炉加热，融化成液态；
3. 将面粉与婴儿配方奶粉混合，倒入盆内，加入酵母液；
4. 再倒入黄油和 85 毫升温水，用筷子搅拌面粉成雪花状；
5. 用手轻轻抓揉成面团，展开、倒入蜜豆，再包裹起来；
6. 面团盖保鲜膜，置温暖处发酵 1~2 小时，待体积膨胀到 2 倍大；
7. 将发酵好的面团用擀面杖轻压成厚饼状，用饼干模扣压出造型，重复本步骤直至做完；
8. 蛋黄均匀打散后用刷子将其涂抹在司康生胚表面；
9. 烤箱 175℃预热，放入中层 15~18 分钟，烤至司康表层金黄即可。

小·布的叮咛

- 抓揉面团时只要成团即可，不用揉到光滑以免口感过于硬实。
- 给 1 岁以上的宝宝制作，面粉中可适当加糖和少许盐。
- 蜜豆建议自制，具体做法参照 P273。

铜锣烧

哆啦A梦最爱的铜锣烧相信宝宝们也一定喜欢，鸡蛋和豆沙的味道融合，松软可口，量，带不腻的早餐点心更不失。

难度指数：★★★

【食材】 鸡蛋 2 枚，低筋面粉、豆沙馅各 100 克，绵白糖 20 克，无铝泡打粉 1
　　　　克，婴儿配方奶 50 毫升，蜂蜜 10 克，橄榄油 10 毫升

 **Start！**

1. 鸡蛋敲入盆中打散，加糖搅打，再倒入蜂蜜、配方奶、油拌匀；

2. 盆中筛入面粉和泡打粉，不断翻拌搅打；

3. 将面糊搅打至流动状态，均匀细滑无明显颗粒；

4. 平底锅放油，小火加热，挖一平勺面糊缓缓倒入，面糊流动
   成一个圆形小饼；

5. 待饼外一面呈蜂窝状，内面呈均匀深咖啡色时翻面；

6. 翻面后继续煎一会儿，至内面呈浅咖啡色即成，重复前面步骤直
   至面糊全部用完；

7. 取一大勺豆沙馅放在 1 片小饼中间；

8. 盖上另一片大小相似的小饼，将内馅轻轻挤压到饼边即可。

 小布的叮咛

♥ 豆沙馅建议自制，具
体做法参照 P273。

♥ 建议选择厚底的不
粘平底锅，锅底太薄
容易煎焦，无涂层的
锅则容易粘锅。

♥ 蜂蜜是做铜锣烧不
可缺少的，可以令表
皮容易上色。

玛格丽特小饼干

这款小饼干制作简易，适合新手，口感酥松，奶香浓郁，适合作为餐间小点食用

难度指数：★★

【食材】低筋面粉、玉米淀粉、黄油各100克，蔓越莓干、白糖各30克，鸡蛋2枚

 **Start!**

1. 鸡蛋煮熟后取蛋黄，在细筛上碾压成碎末；
2. 黄油加热软化后拌入白糖搅拌均匀；
3. 将面粉、淀粉混合均匀，轻轻筛入搅拌好的黄油内；
4. 蔓越莓干切细碎，倒入面粉黄油中；
5. 再加入蛋黄末，用手揉成大面团，盖保鲜膜置冰箱冷藏30分钟；
6. 取出大面团，并将其分成若干小球（每个10~15克）；
7. 拇指按压小球成饼状，使饼干四周出现自然裂痕；
8. 将做好的饼干放在垫有油纸的烤盘上；
9. 烤箱预热，180℃烤约15分钟即可。

 **小·布的叮咛**

♥玉米淀粉的加入很关键，是为了让饼干口感酥脆。

♥如果提前将白糖用料理机搅拌成细末般的糖粉，饼干的口感会更好。

Part 7

过敏宝宝
这么吃

★ 满 6 个月以后，每周逐步增加一种新的食物，由蔬菜、米类、谷类、水果、蛋黄开始，适当增加瘦肉、动物肝脏并观察有无不良反应。如过敏，立即停用。

★ 满 9 个月以后，可摄取鱼、小麦或豆类制品，但也要一种种地增加，避免牛油、猪油。

★ 18 个月前不要吃花生、巧克力、奶油、坚果、有壳海鲜等容易导致过敏的食物。

★ 24 个月前，不要喝鲜牛奶和全脂奶粉。

宝宝为什么会过敏

过敏是什么

过敏是人体免疫系统对天然无害物质的过度反应。任何食物、空气内附着的细微颗粒、接触过的物体，都可能引起过敏。对宝宝来说，食物过敏最为常见。

过敏的原因

过敏的原因是宝宝属于遗传性过敏体质，以及宝宝的器官发育尚未成熟。遗传性过敏体质的宝宝在出生后的6个月内，一旦受到环境中致敏因素的诱发，会在体内形成过敏性的免疫防御机制。该机制一旦形成，在环境中过敏原没有降低的情况下，宝宝就会出现过敏反应，主要体现在遗传异常的各器官组织，比如支气管、鼻腔、眼结膜、肠胃以及皮肤。

过敏原分类

1. 食物性过敏原：容易导致过敏的食物由消化道进入体内，造成过敏。比如蛋、牛奶、花生、海鲜、小麦及各种食品添加剂等。

2. 环境接触与吸入性过敏原：存在于空气和环境内，由呼吸道和皮肤接触产生过敏。比如尘螨、蟑螂、花粉、动物毛皮、油烟、化学用品等。

3. 药物性过敏：由口服药物或注射引起的过敏反应。

过敏的分类及症状表现

分类	症状表现
过敏性哮喘	慢性咳嗽、呼吸困难、胸闷、哮喘等
过敏性皮炎	脸颊、头颈部或四肢等身体各处出现红色小丘疹
过敏性鼻炎	流鼻涕、打喷嚏、鼻塞等
过敏性结膜炎	眼睛红、眼睛痒、产生灼热感
过敏性肠胃炎	恶心、呕吐、腹痛、腹泻及肠绞痛等

如何喂养过敏宝宝

延长母乳喂养的时间

至少要 6 个月以上，婴儿的肠道渗透率较高，本身又无法分泌免疫球蛋白，因此食物中的过敏原很容易通过肠道□□□□□□□□□□□□□□□□，也容易过敏，所以母乳是预防过敏最好的食物。母乳要吃够 6~8 个月以上，再添加辅食。同时，哺乳妈妈也要避免食用易诱发过敏的食物，比如带壳海鲜、牛奶、鸡蛋等，多补充钙质。

如果妈妈无法用母乳喂养，或者母乳不足，就需要提供专为过敏婴儿设计的特殊配方奶粉喂养宝宝，比如深度水解蛋白婴儿配方奶粉，或游离氨基酸配方奶粉等。辅食也要在 6~8 个月后开始逐一添加，以低敏食物为主。

新食物要一种种添加

每次添加的新食物至少坚持三天，再添加另一种，过敏症宝宝添加辅食的速度要减缓，辅食要在至少 6 个月或 8 个月后开始逐一添加，以低敏食物为主。过敏一般会在 3 天内发生，所以每种新食材要观察至少 3 天，才能确认宝宝是否对其过敏。通过食物排查发现过敏原，是最适合婴儿的确认食物过敏的办法。

谨慎食用易引发过敏的食物

最易引起宝宝过敏的常见食物有牛奶、鸡蛋、花生、海鲜、小麦、黄豆、巧克力等。尤其是以牛奶、鸡蛋、花生这几种食物为原料的加工食品有很多，要注意识别、避免。一旦确认宝宝对某种食物过敏，应立即停止食用至少 3 个月，3 个月后再少量尝试。只有避免过敏食物，才能从根本上停止过敏引发的症状。

多补充抗氧化食物，尽量避免食品添加剂

多补充富含维生素 C、维生素 E 以及胡萝卜素等抗氧化物质的食物，比如胡萝卜、橙子、蓝莓、西蓝花等，可有效缓解过敏症状，避免吃过冷、高油、高热量的食物。另外，加工食品中所含各类食品添加剂也是导致遗传性过敏的原因之一，要尽量避免给宝宝食用。

牛奶过敏

牛奶是最常见的过敏食物，过敏原主要是牛奶蛋白，也就是牛奶里的大分子蛋白。牛奶过敏的宝宝，要尽量坚持母乳喂养，母乳不足，就用将蛋白质经过特殊处理的低敏配方奶粉喂养。添加辅食时，特别注意不要喂哺以牛奶或奶粉为原料的食品。

鲫鱼炖豆腐

难度指数：★★
适合月龄：12+

鲫鱼的钙、磷、钾、镁含量较高，和豆腐同煮，蛋白质氨基酸全面且丰富，汤色浓白鲜美，肉质细嫩。

【食材】

鲫鱼 1 条

豆腐 150 克

姜 3 薄片

葱白 2 根

橄榄油 3 毫升

盐适量

 Start！

1. 鲫鱼剖肚去内脏，洗净鱼内壁黑膜，用盐抹在鱼身正、反两面静置 30 分钟；

2. 豆腐冲洗一下，切成小块；

3. 锅内放油，将鱼擦干水，入锅内小火煎黄一面后翻面继续煎至金黄，将煎好的鱼移入砂锅；

4. 锅中余油爆香姜片、葱白，再和豆腐、2 倍水一起倒入砂锅，大火煮沸转小火炖至汤汁浓白即可。

 小·布的叮咛

♥ 汤汁浓白的关键是把鱼身先煎成金黄色，需先将锅加热，鱼身尽量干爽，才容易煎透。

♥ 豆腐可以选择南豆腐，比较细嫩营养，也建议自制，具体做法参照 P137。

♥ 鲫鱼多骨刺，给宝宝吃时注意选择腹部，确保完全剔除小刺。

糙米蒸蛋糕

糙米蒸蛋糕造型讨巧，松软不上火，对于牛奶过敏以及小麦粉过敏的宝宝非常适合。

【食材】糙米 50 克，鸡蛋 1 枚，糖粉 5 克

1. 糙米用有研磨功能的料理机磨成细米粉；

2. 将米粉过细筛，去除没有磨碎的颗粒；

3. 鸡蛋分离出蛋黄和蛋白；

4. 蛋黄加水 40 毫升调匀后，倒入米粉混合均匀；

5. 蛋白加糖粉用电动打蛋器搅打到体积膨胀，呈奶油状；

6. 将打发好的蛋白与蛋黄米粉混合均匀；

7. 混合物倒入模具内，表面刮平整；

8. 入锅内隔水蒸 10 分钟，晾温后脱模即可。

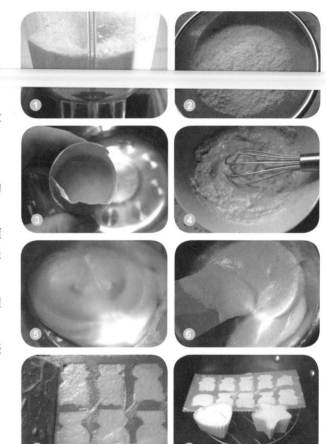

 小布的叮咛

♥ 将白糖用料理机搅拌成细末状即成糖粉。

♥ 糙米粉可直接购买，也可根据个人口味用其他替代，比如婴儿米粉或小米粉、黑米粉等。

♥ 蛋白要打发充足，蛋糕的口感才会松软。

鸡蛋过敏

鸡蛋中含有的卵清蛋白可能会引起宝宝过敏，特别是第一次吃鸡蛋。所以建议等宝宝1岁以后再尝试添加蛋白。

豆浆煮蔬菜

难度指数：★★
适合月龄：12+

此款汤品让宝宝爱上吃蔬菜，浓浓的豆浆味醇香清新，营养搭配均衡，适合鸡蛋过敏的宝宝。

【食材】西蓝花、胡萝卜各50克，玉米80克，熟豆浆600毫升，植物油5克，盐少许

Start！

1. 挑选细嫩的西蓝花，从尾部切成小朵；

2. 西蓝花朵用淡盐水浸泡10分钟后再清洗；

3. 将洗净的西蓝花朵入沸水焯至色泽翠绿，捞出；

4. 胡萝卜、玉米分别洗净后切成片；

5. 锅内放油，倒入胡萝卜片翻炒；

6. 继续倒入玉米片翻炒片刻，再加入豆浆，关锅盖小火焖煮10分钟；

7. 将焯过水的西蓝花朵倒入锅内，炖煮2分钟，加盐调味即可。

 小布的叮咛

♥豆浆一定要煮熟才能食用，否则可能引起中毒。

♥也可用婴儿配方奶替代豆浆，黄油替代植物油，味道会更醇香浓郁。

洋葱牛肉饼

洋葱牛肉饼营养丰富，经常食用对于鸡蛋
过敏的宝宝来说是一种不错的蛋白质补充，
此外还有补铁的功效。

【食材】嫩牛肉 60 克，洋葱 20 克，胡萝卜 15 克，淀粉 5 克，橄榄油、生抽、
　　　　盐各少许

1. 牛肉洗净，剁成肉泥，洋葱、胡萝卜分别去
   皮剁细碎，将 3 种食材混合；

2. 在蔬菜肉泥中加入淀粉、油，搅拌均匀；

3. 继续加入生抽、盐，拌匀后静置 30 分钟；

4. 将腌渍好的蔬菜肉泥捏成大小适中的肉饼；

5. 平底锅放油，将肉饼分别煎至两面金黄即可。

 小布的叮咛

♥ 肉饼不要做得太大、太厚，否则不容易煎熟。

♥ 洋葱牛肉饼性温，冬天食用可以补血暖胃，但热性体质的宝宝要少吃。

海鲜过敏

海鲜，尤其是带壳海鲜含有大量异种蛋白，很容易直接或间接激活人体内免疫细胞，从而引起过敏。过敏体质宝宝在 10 个月前不要吃海鲜。

赛螃蟹

难度指数：★★
适用月龄：12+

赛螃蟹以鸡蛋为原料制作出螃蟹的口感，关键在于醋和姜的调味，以及蛋的嫩滑。对海鲜过敏的宝宝，不妨一试。

【食材】

鸡蛋2枚

糖5克

盐2克

陈醋10毫升

橄榄油适量

姜丝少许

 **Start！**

1. 鸡蛋分离出蛋黄、蛋白，分别加少许水搅打均匀；

2. 锅内放油，分别将蛋黄、蛋白炒至凝固，盛起；

3. 将蛋黄、蛋白摆成螃蟹的造型；

4. 用醋、姜丝、糖、盐，加上生粉与水调成芡汁，入锅内煮沸，再淋上"螃蟹"即可。

 加油哟！

 小布的叮咛

♥ 蛋液里加水为的是让口感更嫩滑，所以炒蛋时也不宜炒得过老。

难度指数：★★★
适用月龄：18+

豆福包

寓意极好的豆福包，造型讨巧，口味鲜美，其中富含的动物蛋白和植物蛋白，对于海鲜过敏宝宝来说，既营养又安全。

【食材】 薄豆腐皮 1 大张，猪里脊肉 100 克，干香菇 4 朵，韭菜薹数根，番茄酱 20 克，生抽、盐各少许

 Start！

1. 干香菇去根部，洗净后浸泡 2 小时；

2. 韭菜薹入沸水焯至变软；

3. 猪肉、香菇分别切成小丁后剁碎，调入生抽及盐搅拌均匀；

4. 把豆腐皮裁成数片大小适中的方形，取一小团肉馅放中间；

5. 提起豆腐皮的四角，收拢；

6. 用韭菜薹缠绕收口、捆紧，重复之前步骤做好所有豆福包；

7. 豆福包放入碟中，入锅内大火隔水蒸 15 分钟；

8. 番茄酱兑少量水煮沸后，淋上豆福包即可。

 小·布的叮咛

♥ 番茄酱建议自制，具体做法参照 P279。

♥ 捆扎豆腐皮时，不要露内馅，可扎紧些。

♥ 内馅也可根据个人口味搭配不同的肉类或蔬菜。

Part 8

宝宝特效功能
食谱

★食物中所含的各类营养素对宝宝生长发育都起着重要的作用，但注意要适量，过多或过少都不利于健康。

★各类营养制剂的添加应遵照医生或营养师的建议，如果宝宝发育良好，并且能从平时的饮食中保证获取足够的营养，那就不需要额外补充了。

补充铁锌

在中国，婴幼儿缺铁缺锌的现象较为普遍。婴幼儿6个月后，身体储存的铁元素消耗殆尽，因此在辅食中一定要注重铁的摄取，否则很可能导致缺铁，引起缺铁性贫血。锌元素则有促进生长发育、改善味觉、提高免疫力的作用。动物肝脏、红肉、带壳海鲜等食物中铁和锌的含量都很丰富且易于吸收。

难度指数：★
适用月龄：9+

木耳猪心汤

猪心作为动物内脏，含有较丰富的铁元素，而且人体吸收率特别高，与黑木耳一起炖成汤，清淡可口，除补铁之外对保护心脏也有益处。

【食材】猪心100克，干木耳5克，姜2薄片

 Start！

1. 干木耳提前浸泡3小时，泡好后去根部，摘成小朵；

2. 猪心剔除筋膜，切成小丁，入沸水1分钟氽去血沫；

3. 将木耳小朵、猪心丁、姜片及适量水装入小盅，入锅内隔水炖2小时即可。

 小布的叮咛

♥ 品质好的木耳口感细嫩软滑，选购时挑选表面覆盖白色绒状、无杂质、小片的，因每次用量不多，可挑选价格稍贵的。

♥ 汤中姜片挑出，其他食材用小剪刀剪细碎后与汤汁一起给宝宝吃。

鸡肝肉饼

难度指数：★★
适用月龄：12+

鸡肝和猪肉中均含有优质蛋白质、钙、磷、锌、维生素A、B族维生素，尤其是铁含量丰富，对宝宝来说，是一道理想的补铁促生长的辅食。

【食材】

鸡肝30克

猪肉30克

芝麻油1滴

蛋白少许

 **Start！**

1. 鸡肝浸泡20分钟，洗净后剔除白色筋膜，剁成细蓉；

2. 猪肉洗净，沥干水后也剁成细蓉；

3. 鸡肝蓉、猪肉蓉与蛋白、油一起搅拌，加少量水朝一个方向搅拌成黏稠肉饼；

4. 肉饼装入浅盘或碟子中，入锅内隔水蒸10分钟即可。

 小布的叮咛

♥ 搅拌肉饼时，也可添加少量豆腐泥，口感更鲜滑细嫩。

牡蛎煎蛋

牡蛎营养很丰富，尤其锌的含量遥遥领先于其他食材，此外还可以提供较高的蛋白质、铁、钙、牛磺酸等利于宝宝健康发育的营养素。

【食材】

牡蛎肉 150 克

鸡蛋 1 枚

香葱 1 根

橄榄油适量

盐少许

Start！

1. 牡蛎肉泡在水中清洗，去掉内脏后切成小丁，香葱切成葱花；

2. 鸡蛋敲入碗中，蛋液搅打均匀，倒入牡蛎肉丁、葱花、盐拌匀；

3. 锅内放油，倒入牡蛎蛋液，摊开摊薄，将两面煎至微黄；

4. 将牡蛎蛋饼盛出，晾温后切成小块即可。

 小·布的叮咛

♥ 建议去除牡蛎的内脏，因为内脏重金属含量较高，不适合宝宝。

♥ 煎蛋的时候要小火，待一面凝固再翻面才不易破。

♥ 脾胃虚寒的宝宝不宜食用牡蛎。

蛤蜊粥

蛤蜊被称为天下第一鲜，是物美价廉的高蛋白、高铁锌、低脂肪的食材。蛤蜊粥清淡鲜美，适合宝宝经常食用。

【食材】鲜蛤蜊 200 克，大米粥 500 克，姜 1 薄片，香葱 1 根，盐少许

1. 鲜蛤蜊浸泡在盐水中，养 3 个小时让其吐出泥沙；

2. 除沙后的鲜蛤蜊入沸水氽半分钟，待全部开壳后捞起沥干；

3. 去壳取蛤蜊肉，继续洗净肉中的泥沙；

4. 姜片切成细丝，香葱洗净，切成葱花；

5. 大米粥入锅中，煮沸；

6. 将蛤蜊肉与姜丝、葱花一起倒入大米粥内，煮 15 分钟加盐调味即可。

 小布的叮咛

♥ 蛤蜊经沸水煮后如果还不开壳，说明已经不新鲜了，要丢弃。

♥ 脾胃虚寒、风寒感冒的宝宝不宜食用蛤蜊。

磨牙健齿

　　宝宝乳牙萌发一般从第 6 个月开始，到 2 岁时全部出齐，也有早晚的个体差异。乳牙萌发时宝宝可能会有牙龈痒、流口水、烦躁等表现。因此制作磨牙棒让宝宝用牙床咬食，可以缓解出牙不适。乳牙萌发出后，手抓磨牙棒也有助于宝宝锻炼咀嚼能力，以及手指抓握和手眼协调能力。磨牙棒长度和粗细要与宝宝手指相当，硬度恰当，适合抓握，可以用牙龈或牙齿磨碎，便于吞咽和消化。随着宝宝成长，磨牙棒硬度可逐渐加大。为保证乳牙正常萌发，宝宝的饮食中还要注意多摄取富含维生素 D、钙、磷和纤维素的食物。

难度指数：★
适用月龄：□□+

什锦蔬菜棒

蔬菜棒为宝宝提供丰富的维生素、矿物质、纤维素，适合宝宝用来抓握啃食，缓解出牙期的不适。

【食材】胡萝卜、嫩芦笋、嫩玉米各 50 克

 **Start !**

1. 胡萝卜洗净，去皮后切成粗条，芦笋洗净，切成粗条，嫩玉米洗净；

2. 胡萝卜条入沸水煮 5 分钟，再加入芦笋条、嫩玉米继续煮 3 分钟；

3. 将煮好的蔬菜条捞出，沥干水，晾温即可。

 小·布的叮咛

♥ 蔬菜条也可以换成适合宝宝的其他蔬果，如苹果、菜心等。

♥ 煮蔬菜条的汤底，也可换成猪骨汤或鸡汤（做法见 P269），味道会更鲜美。

♥ 蔬菜棒不宜煮太软烂，带点硬度较好。

南瓜荞麦磨牙棒

宝宝出牙时期牙龈会发痒，磨牙棒可以在一定程度上帮助缓解。南瓜荞麦磨牙棒口感微甜、软硬适中，还含有类胡萝卜素以及多种微量元素，比纯面粉做的磨牙棒更有营养。

【食材】

南瓜 100 克
低筋面粉 100 克
荞麦粉 50 克

Start !

1. 南瓜洗净，去皮、籽后切成小块，入锅内隔水蒸 15 分钟;

2. 将蒸软的南瓜块压成泥状，加入荞麦粉、低筋面粉，先用筷子将其搅拌成雪花状，再用手揉出光滑状;

3. 面团盖上保鲜膜放置 30 分钟，用擀面杖压成薄薄的均匀面片，用刀将面片切成长条数根，将长条扭数圈呈螺旋状;

4. 烤箱预热，上火 175℃，下火 150℃，将装有磨牙棒的烤盘放到中层，烘烤 30 分钟，待磨牙棒表面色泽金黄，关电，利用余热再放 20 分钟即可。

小布的叮咛

♥ 根据不同的烤箱调整烘烤时间，这款磨牙棒有一定厚度，如需完全烤干，需延长烘烤时间。

♥ 若无荞麦粉，也可直接用低筋面粉替代。

♥ 南瓜泥蒸好后含有很多水分，无须另加水，可加少量冲调好的婴儿配方奶，就有了淡淡的奶香味。

再接
再厉哟!

蛋黄小圆饼

经典的蛋黄小圆饼，香浓鸡蛋味，脆脆硬硬的口感，适合宝宝作为磨牙食物来抓握进食。

【食材】

蛋黄 2 个

鸡蛋 1 枚

面粉 70 克

白糖 20 克

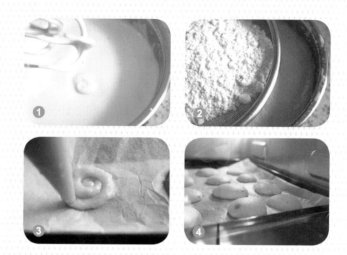

 Start！

1. 蛋黄与鸡蛋打入盆内，加糖，用打蛋器打发至蛋液膨胀，略呈厚稠状；

2. 将面粉轻轻筛入打发好的蛋液内，用刮刀轻柔翻拌，使融合好的面糊不会太稀；

3. 烤盘内铺上油纸或硅胶垫，面糊装入一次性裱花袋内，袋前剪小口，将面糊挤成螺旋状小饼；

4. 烤箱预热，150℃烘烤 50 分钟，至小饼表面略有金黄色、内里干爽即可。

小布的叮咛

♥ 蛋黄饼的口感要脆，一定要烘烤足够时间，否则内里是软的。

♥ 吃的时候需要大人在一边看管，防止宝宝大块吞咽造成危险。

聪明头脑

婴幼儿时期是宝宝脑部发育最关键的阶段，因此保证均衡的饮食非常重要。富含蛋白质、不饱和脂肪酸、卵磷脂、铁、钙、维生素B_1、维生素E的食物对促进脑细胞生成，激活大脑传递神经，提高记忆力都有帮助。比如各种深海鱼、鸡蛋、肉类、大豆及豆制品、坚果类等。

难度指数：★★
适用月龄：12+

三文鱼蒸豆腐

三文鱼与豆腐搭配可取长补短，使氨基酸种类更丰富，蛋白质营养更全面。

【食材】鲜三文鱼肉 60 克，石膏豆腐 100 克，芝麻油 2 滴，猪骨汤、盐各少许

 **Start！**

1. 三文鱼洗净后剁成泥，加入盐、油搅拌均匀；

2. 豆腐切成片状，用饼干模扣出造型；

3. 饼干模先不取出，将鱼泥压紧放在模子中的豆腐上，整形好再取出模；

4. 鱼泥豆腐淋上猪骨汤后，入锅内大火隔水蒸 10 分钟即可。

 小布的叮咛

♥ 猪骨汤是自制高汤的一种，具体做法参照 P269。

♥ 根据宝宝的口味，也可选用其他少刺的鱼类与豆腐同蒸。

♥ 建议挑选较嫩的石膏豆腐或自制豆腐（做法见 P137），最适合宝宝，卤水豆腐口感太硬，内酯豆腐则含有添加剂。

难度指数：★★
适用月龄：12+

黑芝麻核桃糊

黑芝麻核桃糊含不饱和脂肪酸以及锌和
锰，这些营养素都有助于宝宝的大脑发育。

【食材】黑芝麻 150 克，核桃仁、糯米粉各 70 克，白糖适量

 Start !

1. 黑芝麻入锅内，小火不停翻炒，至出香且有芝麻弹跳起来时关火；

2. 核桃仁也用小火不停翻炒，炒熟后筛去碎皮；

3. 糯米粉同样用小火翻炒至颜色发黄，即成糕粉；

4. 将炒好的黑芝麻、核桃仁、糯米粉一起倒入有研磨功能的料理机，磨成细碎粉末后装瓶储存；

5. 食用前取适量粉末，拌入水和白糖，在小锅内煮至糊状即可。

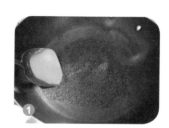

小布的叮咛

♥ 炒好的黑芝麻比生芝麻颜色要偏黄一些，炒时注意火候不要过度以免焦苦。

♥ 黑芝麻核桃粉也可用开水直接冲调，但给宝宝吃还是建议煮成糊。

西式炒蛋

鸡蛋中所含的卵磷脂有助于宝宝脑部发育。这款西式炒蛋香浓嫩滑，可以搭配土司和蔬菜作为早餐。

【食材】鸡蛋1枚，黄油10克，婴儿配方奶20毫升，盐少许

 Start！

1. 鸡蛋敲入碗中，用筷子将蛋液打散；

2. 蛋液中加入配方奶、盐搅拌均匀；

3. 锅内倒入配方奶和鸡蛋液，小火加热；

4. 再加黄油，并用锅铲不停翻拌，让黄油均匀地溶于蛋液；

5. 翻拌至蛋液凝固但仍有略微湿润，关火盛出即可。

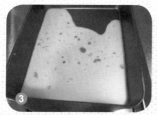

小布的叮咛

♥ 鸡蛋液加入配方奶是为了口感更嫩滑，也可用淡奶油替代，味道更加香浓。

♥ 鸡蛋不能炒得过老，注意全程小火，并一直用锅铲翻拌。

明亮眼睛

0~6岁是孩子视力发育的黄金期。维生素A、B族维生素、维生素C、DHA等多种微量元素与眼球及视神经发育有密切关系。因此，此阶段的宝宝可以经常食用黄红色和深绿色蔬菜，如南瓜、胡萝卜、菠菜、西蓝花等，同时适当食用动物内脏、肉类、奶制品、深海鱼、藻类等。

难度指数：★
适用月龄：12+

南瓜蒸百合

除了胡萝卜，南瓜里的类胡萝卜素含量也很高，益于宝宝视力发展。这道小甜品香甜软糯，清心滋润，尤其适合秋季食用。

【食材】
南瓜 100 克
鲜百合 1 颗
红枣 1 颗

 **Start！**

1. 南瓜洗净，去皮、籽后切成薄片，用饼干模扣出造型；

2. 鲜百合洗净，掰成小瓣，红枣洗净，取枣肉切成小丁；

3. 每片南瓜上放 1 瓣鲜百合，再点缀红枣小丁，放在浅盘中；

4. 浅盘入锅内，大火隔水蒸 10 分钟即可。

小布的叮咛

♥ 南瓜挑选红皮、成熟的老南瓜，百合挑选叶片干净、无损伤的。

♥ 红枣宜选肉厚味甜的优质品。

番茄鸡肝粥

鸡肝营养丰富，尤其是铁元素含量丰富，中医认为常食可补肝、养血、明目，番茄中的维生素C，则更加促进了铁的吸收。

【食材】

鸡肝 20 克

番茄 50 克

嫩西蓝花 15 克

大米粥 250 克

姜丝少许

 Start！

1. 鸡肝提前浸泡 30 分钟，剔除筋膜后剁成泥状；

2. 西蓝花用淡盐水浸泡 10 分钟，焯水后切细碎，番茄用开水烫掉表皮，切细丁；

3. 大米粥倒入锅中，大火煮沸后加入肝泥、姜丝，炖煮 10 分钟；

4. 挑出姜丝，锅中再加入番茄丁、西蓝花碎，炖煮至软烂即可。

 小布的叮咛

♥ 肝脏一定要提前用水浸泡，煮熟煮透。

加油哟！

橙香鱼柳

橙香鱼柳营养丰富、清新开胃，还很易于宝宝的消化吸收。鱼肉中所含 Ω-3 不饱和脂肪酸，对于保护宝宝视力也十分有益，建议一周吃 2~3 次鱼。

250

【食材】鱼柳 80 克，橙子 1 只，白糖 10 克，橄榄油、盐、白胡椒粉各少许

 Start！

1. 鱼柳洗净，切成小块，撒上盐和白胡椒粉腌 15 分钟；

2. 油锅烧热，将沥干水的鱼块放入略煎，煎至两面微黄，盛出；

3. 橙子切开，取橙肉切成小块后倒入料理机，打成汁，将橙汁加糖煮至微热，淋上煎好的鱼块即可。

 小布的叮咛

♥ 建议选用三文鱼、鳕鱼等少骨的海鱼鱼柳；将橙子白色的膜去除，能避免苦涩口感。

♥ 鱼块要煎得完整不碎需注意：①鱼块入锅时保持干爽；②锅内油烧热一些；③应在鱼身一面煎黄后再用锅铲铲起翻面。

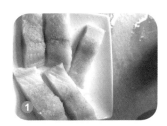

帮助长高

构成骨骼最基本的元素是钙、镁、磷等矿物质，另外，蛋白质对长高也很重要。经常给宝宝吃高蛋白、富含矿物质的食物，如肉类、鱼类、鸡蛋、奶制品、大豆及豆制品、香菇、新鲜蔬果等，有助于宝宝的骨骼发育。除了饮食营养，加强运动、保证充分睡眠，也能帮助宝宝长高。尤其注意，春季和夏季是长高的关键期。

香菇豌豆鸡丁

香菇含有甾醇类物质，经过日晒，可转化为维生素 D，从而促进人体对钙的吸收，因此食用香菇有助于宝宝长高。

【食材】

干香菇 3 朵

鸡胸肉 50 克

嫩豌豆 20 克

橄榄油少许

盐少许

 Start !

1. 干香菇洗净泡发后取伞盖部分切成丁，泡香菇的水留用；

2. 鸡胸肉洗净，切成小丁，嫩豌豆洗净；

3. 锅内放油，倒入鸡肉丁、香菇丁、嫩豌豆，加盐翻炒片刻；

4. 锅内加入泡香菇的水，加盖焖煮 5 分钟至食材软烂即可。

 小布的叮咛

♥ 豌豆建议先压碎再给宝宝吃，以免造成吞食危险。

难度指数：★★
适用月龄：18+

蔬菜排骨汤

这道汤品可为宝宝补充优质蛋白以及维生素A等多种微量元素，还有丰富的膳食纤维，不但营养均衡，且口感醇香鲜美。

【食材】猪肋排 200 克，胡萝卜 80 克，洋葱 25 克，卷心菜 50 克，植物油、盐各少许

Start !

1. 胡萝卜洗净，切成小块，洋葱去皮后切成丁，卷心菜洗净，沥干后撕成小片；

2. 锅内放油，爆香洋葱丁，再加胡萝卜块略炒；

3. 排骨洗净，入沸水氽去血水，至再次沸腾时捞起；

4. 将处理过的排骨和胡萝卜块、洋葱丁一同入砂锅，加 3 倍水，大火煮沸后转小火；

5. 小火焖煮约 1 小时，加入卷心菜片，煮至锅中食材都软烂，加盐调味即可。

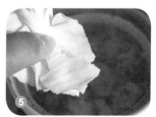

 小布的叮咛

♥ 猪肋排选用前排肉质会较细嫩，前排骨头较宽扁。

♥ 洋葱可换成西红柿或西芹，也可加入土豆、淮山等淀粉类食材来提鲜。

豆腐炖蛋

豆腐炖蛋口感细嫩，富含动物蛋白和植物蛋白，且含多种蔬菜，营养均衡，经常食用有助于宝宝长高。

【食材】嫩豆腐 50 克，鸡蛋 1 枚，胡萝卜 20 克，芹菜 5 克，青菜嫩叶 15 克，盐、芝麻油各少许

1. 嫩豆腐入沸水煮片刻，捞起沥干，青菜嫩叶、芹菜分别洗净；

2. 青菜嫩叶入沸水焯 2 分钟，捞出沥干，和芹菜一起切成碎末；

3. 胡萝卜滴入油，入锅内隔水蒸至软；

4. 嫩豆腐、胡萝卜一起用匙背碾碎倒入碗中，再加入青菜碎、芹菜碎；

5. 鸡蛋均匀打散后也倒入碗中，再加盐、油拌匀所有食材，上锅蒸 10 分钟即可。

小布的叮咛

♥ 豆腐不要用添加剂含量多的内酯豆腐，推荐自制豆腐（见 P137），或者南豆腐。

再接再厉哟！

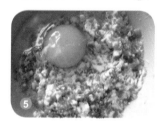

健胃消食

在宝宝成长的过程中，难免会出现因消化不良或者天气炎热而导致食欲不振的情况。这个时候饮食应以清淡、软熟、易消化为主。为了提高宝宝的食欲，妈妈最好能做一些酸甜口感的开胃餐。以山楂、陈皮、番茄、柠檬等食材来作为酸甜口味的原料是不错的选择。

难度指数：★
适用月龄：12+

酸梅汤

酸梅汤色泽红润，口感酸甜，有开胃消食、生津止渴、缓解咽喉疼痛、抗疲劳等多种功效，很适合宝宝夏日饮用。

【食材】

乌梅 50 克

山楂干 50 克

玫瑰茄 10 克

甘草 3 克

陈皮 5 克

黄糖 65 克

水 1500 毫升

桂花干少许

 Start！

1. 乌梅、山楂干、玫瑰茄、甘草、陈皮分别在清水中冲洗，去掉浮灰和杂质；

2. 将洗好的食材全部倒入砂锅，撒入桂花干，加糖加水大火煮沸，再转小火煮 40 分钟关火，不揭盖待其冷却即可。

 小布的叮咛

♥ 酸梅汤味道的好坏，取决于食材的品质和新鲜程度。

♥ 乌梅要去药店选购，以表面呈乌黑色或棕黑色、皱缩不平的为宜。

♥ 食材干品要注意分辨是否硫黄熏过，一般熏过的颜色较为鲜艳，会有淡淡的酸味。

山楂开胃消食，尤其针对肉食积滞效果特别好，搭配上富含消化酶的山药，很适合胃口不佳、消化不良的宝宝。

【食材】
鲜山楂 100 克
山药 70 克
冰糖 40 克

山楂山药泥

难度指数：★★
适用月龄：12+

 Start！

1. 山楂洗净，对半切开，去除里面的小核；

2. 山楂果肉切小丁，倒入料理机，加温开水打成泥状；

3. 山楂泥倒入锅中，加冰糖，小火煮至浓稠酱状；

4. 山药洗净，去皮后切成小块，入锅内隔水蒸 15 分钟；

5. 将蒸熟的山药块用匙背碾压过筛成泥，加入山楂酱 35 克，拌匀即可。

小布的叮咛

♥ 没有料理机也可直接
将山楂果肉加水、冰
糖熬煮至浓稠酱状，
再过筛即可。

♥ 山药推荐铁棍山药，
软糯细腻，口感更好。

话梅芸豆

白芸豆营养价值较高，富含蛋白质、钙、铁和维生素，可补充宝宝夏日出汗所流失的营养素，与话梅、山楂、冰糖同煮，更是酸甜可口，消暑开胃。

【食材】

干白芸豆 100 克

话梅 50 克

干山楂 50 克

冰糖 50 克

 Start !

1. 白芸豆提前一夜浸泡，泡发后豆子涨大，饱满洁白；

2. 将泡好的豆子倒入砂锅，加话梅、山楂、冰糖和水 500 毫升，小火煲煮 90 分钟；

3. 关火后不揭盖，利用余热继续焖 2~3 小时，至芸豆软烂入味即可。

 小布的叮咛

♥ 夏季泡发芸豆时，避免高温变质，可在冰箱内泡发。

♥ 芸豆必须煮熟煮烂才可食用，否则易导致中毒。

♥ 砂锅煮豆时，汁水沸腾容易扑出锅外，可将锅盖留些空隙或锅盖下架双筷子。

♥ 话梅芸豆做好后存于冰箱，冰凉酸甜，风味更佳。

♥ 芸豆颗粒较大，宝宝吃芸豆时注意不要被哽噎，建议先切碎再喂食。

清热解暑

夏季炎热，人体新陈代谢旺盛，加上宝宝生长发育迅速，需要较多营养，但炎热也会导致食欲下降的现象。宜适当给宝宝吃有清热功效的新鲜瓜果等食物，比如冬瓜、黄瓜、苦瓜、绿豆、海带、西瓜等。同时也要注意水分和蛋白质的补充，高蛋白食物推荐脂肪含量低的水产类。

黄瓜雪梨汁

难度指数：★
适用月龄：12+

此款饮品生津润燥，清热化痰，适合宝宝夏季饮用。

【食材】
黄瓜 200 克
雪梨肉 150 克

 **Start！**

1. 黄瓜洗净，去皮后切成丁，雪梨肉也切成小丁；
2. 将黄瓜、雪梨丁倒入料理机，加凉白开 600 毫升打成汁即可。

 **小·布的叮咛**

♥ 如果觉得不够甜，可以适当添加蜂蜜或白糖。

♥ 雪梨挑选色泽淡黄，表皮细嫩不粗糙的水晶梨为好。

♥ 脾胃虚寒、风寒感冒的宝宝最好不要食用。

莲子绿豆沙

难度指数：★
适用月龄：12+

莲子绿豆沙口感细腻，清热祛燥，清心止渴，非常适合夏季给宝宝食用。

【食材】绿豆 100 克，干莲子、冰糖各 20 克

 **Start！**

1. 干莲子提前浸泡 2 小时至软；

2. 绿豆筛选淘净后，与莲子、冰糖一起加水 1 升入锅煮沸，再小火焖煮 20 分钟；

3. 将冷却的莲子绿豆连同汤水一起倒入料理机，打成细腻沙状即可。

 小布的叮咛

♥ 绿豆要拣去干瘪、霉变、色黄的，新鲜的绿豆色泽较绿，饱满光滑。

♥ 绿豆的清火功能在于皮，不能煮久，否则会大大影响功效。

♥ 莲子心口感虽苦，但清热功能好，建议不要去除，加上冰糖可以抵消苦味。

难度指数：★
适用月龄：7+

荸荠冬瓜蓉

荸荠是根茎类蔬菜中磷含量最高的，能促进宝宝生长发育，维持体内糖、脂肪、蛋白质三大物质的正常代谢。和冬瓜搭配，口感清甜，清热消暑，尤其适合炎炎夏日给宝宝食用。

【食材】荸荠 150 克，冬瓜 250 克

 **Start！**

1. 荸荠洗净，去皮后切成小块，冬瓜洗净，去皮、籽后切成小块；
2. 荸荠块、冬瓜块一起入锅中，加水适量煮沸后小火焖 30 分钟；
3. 将锅中食材连同汤水一起倒入料理机，打成细蓉状即可。

 小·布的叮咛

♥ 荸荠挑选新鲜饱满、无霉变的，不要生吃，会有寄生虫的污染。

Part 9

基础佐料
DIY

★自制基础佐料，可以最大程度保证新鲜、纯正，无添加。

★自制佐料的保质期比市售的要短很多，一般存放在密封玻璃

瓶内，并置于冰箱冷藏，要尽快在书中提及的保质期内吃完。

基础高汤 •

难度指数：★
适用月龄：7+

菌菇汤

菌菇高汤一般作为素高汤食用，营养丰富，有令菜肴增鲜的作用。冰冻 2 周内或密封冷藏 1 周内保存。

【食材】 杏鲍菇 50 克，干香菇、金针菇、平菇各 35 克

 **Start！**

1. 干香菇用清水泡发，金针菇洗净后切去根部，杏鲍菇洗净后切成薄片；
2. 平菇洗净，与处理好的香菇、金针菇、杏鲍菇一起入锅；
3. 锅中加入盖过食材的水，小火炖至食材软烂、汤色浓郁；
4. 捞出汤中所有食材，留汤底即可。

 小·布的叮咛

♥ 可以根据宝宝的口味变换菇类的品种。

♥ 捞出的菌菇不要丢弃，可以做菜或切碎做成馅料。

猪骨汤 & 鸡汤

难度指数：★
适用月龄：7+

荤高汤味鲜美，应用也很广泛，可以代替水来做汤汁或汤头。此两款因原料不同，各有风味，冰冻 2 周内或密封冷藏 3 日内保存。

【食材】猪扇骨 500 克，鸡半只，鸡骨架 1 副，姜 6 薄片

 Start !

1. 将两味汤原料洗净，分别入沸水 2 分钟汆去血沫；

2. 将处理后的猪扇骨和鸡半只、鸡骨架分别放入两个砂锅内，各加姜 3 薄片；

3. 锅内分别倒入 3 倍水，大火煮沸后转小火炖煮约 1 小时；

4. 捞出两锅汤中所有食材，留汤底即可。

 小布的叮咛

♥ 如果把煮好的汤滤去油脂，则成清高汤，1 岁以内宝宝建议滤油后使用。

♥ 荤高汤其实可以自由搭配，比如可将猪骨和鸡骨一起炖煮，或用牛骨做原料也是不错选择。

♥ 汤中滤掉的肉渣可以食用，营养价值很高。

紫薯馅

难度指数：★
适用月龄：7+

紫薯富含花青素和膳食纤维，经常食用对宝宝健康有益，紫薯泥可以作为馅料或者天然色素用在各色面点和西点中。密封冷藏 2 周内保存。

 **Start !**

1. 紫薯洗净，去皮后切去两端，入锅内大火隔水蒸 20 分钟；

2. 将蒸熟的紫薯用匙背碾压过细筛成泥状；

3. 锅中放黄油、红糖，小火加热至糖溶解，加紫薯泥不断翻炒；

4. 慢慢翻炒至紫薯泥中水分蒸发，呈现干爽状即可。

 小·布的叮咛

♥ 如果紫薯泥中水分较多，难以炒干，也可以加少量熟淀粉来调节。

【食材】
紫薯 250 克
黄油 15 克
红糖 15 克

枣泥馅

难度指数：★★★
适用月龄：7+

红枣有天然维生素丸的美称，它含有丰富的维生素和钙、铁等矿物质及膳食纤维。香甜可口的枣泥适合做糕点的内馅。密封冷藏 4 周内保存。

 **Start！**

1. 红枣洗净，提前浸泡 3 小时；

2. 锅中加适量水，与浸泡好的红枣一起炖煮 1 小时；

3. 煮好的红枣去皮、核，将枣肉碾压过筛成泥状；

4. 锅内放油，加入枣泥翻炒，少量多次加油不断翻炒至枣泥呈干爽状即可。

【食材】

红枣 250 克
玉米油 25 毫升

 小·布的叮咛

♥ 红枣一定要泡透、煮透，这样去皮就非常容易。

♥ 过筛可去除枣肉中的粗纤维，让枣泥变得细腻。

♥ 炒枣泥时用小火，并且不停翻炒，以免焦糊。

豆沙馅 & 蜜豆

难度指数：★★
适用月龄：豆沙馅12+；蜜豆18+

红豆具有清热解毒、健脾益胃的功效，富含B族维生素和蛋白质等营养，可以制作多种红豆食品，不但可口，且有较好的保健功能。豆沙馅是常见的馅料，一般用来制作点心内馅；蜜豆可以浇在酸奶或甜品上，健康美味。密封冷藏4周内保存。

【食材】 **豆沙馅**：红豆 300 克，白糖 100 克，植物油 20 毫升

　　　　 蜜豆：红豆 200 克，白糖 50 克，蜂蜜 30 克

Start !

1. 红豆 500 克一起筛选洗净，提前一夜浸泡（夏天置于冰箱冷藏）；

2. 将泡发好的红豆倒入高压锅，加少许水煮至软烂。

◎ **豆沙馅：**

3. 取煮好的红豆 300 克倒入料理机，加温开水少许搅打成细糊；

4. 锅内放油，倒入红豆糊，加白糖，小火不停翻炒至豆沙馅略干爽即可。

◎ **蜜豆：**

5. 撒一层煮好的红豆在容器内，再均匀撒上白糖；

6. 继续覆盖一层红豆，撒上糖，重复前面的步骤直到用完红豆 200 克；

7. 最后淋一层蜂蜜，拌匀后封闭容器置冰箱冷藏 1 天即可。

小布的叮咛

♥ 红豆建议挑选色泽红润光滑、无虫眼的；蜜红豆时要尽量拌匀，甜度才会均匀。

♥ 传统的豆沙馅是用猪油翻炒，但考虑到宝宝健康，建议选用无味的植物油，如玉米油等。

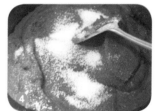

奶黄馅

奶黄馅奶香浓郁，色泽金黄，适合做各种甜点内馅。密封冷藏2周内保存。

难度指数：★★
适用月龄：12+

【食材】

鸡蛋 2 枚

黄油 30 克

面粉 50 克

细砂糖 40 克

婴儿配方奶 100 毫升

婴儿配方奶粉 30 克

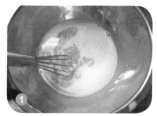
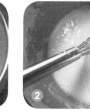

 Start！

1. 鸡蛋敲入盆中，与配方奶混合搅拌均匀；

2. 盆中继续加入面粉、奶粉翻拌均匀；

3. 再加入黄油、糖，入锅内小火隔水加热至黄油和糖融化；

4. 不断搅拌，至液态的馅料变为固态、呈干爽状关火，晾温后将馅料揉成大团即可。

 小布的叮咛

♥ 使用奶黄馅时只需取适量揉成小团，然后直接包入点心内即可。

♥ 隔水加热和直接加热区别在于前者加热的温度比较均衡，不会因温度过高而导致焦糊。

♥ 若想味道更浓郁，可以用动物性淡奶油替代部分配方奶。

加油哟！

百搭酱料 •

难度指数：★★
适用月龄：12+

沙拉酱

传统的沙拉酱以生蛋黄和大量油脂为原料，不适合宝宝食用。这道沙拉酱热量低，更加安全健康，可用于凉拌水果蔬菜，酸甜口感尤其适合夏天。密封冷藏2周内保存。

【食材】

蛋黄 1 个

玉米淀粉 15 克

糖 15 克

婴儿配方奶 50 毫升

玉米油 25 毫升

柠檬适量

 **Start !**

1. 柠檬洗净，切半，挤出汁水 15 毫升；

2. 所有食材一起入锅中，搅拌均匀，小火煮至呈浓稠状；

3. 将煮好的沙拉酱过一次细筛即可。

 小·布的叮咛

♥ 煮酱时不要煮得过于浓稠，因为冷却后会变得更稠一些。

白酱

难度指数：★★
适用月龄：12+

白酱是西餐中一款很基础的酱料，适合用来制作奶油浓汤、白汁焗饭等奶香浓郁的菜式。密封冷藏 2 周内保存。

【食材】
面粉 50 克
黄油 50 克
香叶半片
婴儿配方奶 500 毫升
洋葱 1/4 个

 **Start！**

1. 洋葱洗净，切成小丁，香叶片洗净；

2. 配方奶入锅中，加入洋葱丁、香叶片煮沸后沥出菜渣；

3. 锅内小火加热黄油，待融化倒入面粉，翻拌成面粉糊；

4. 再倒入晾凉的奶，小火边煮边搅拌至稀糊状即可。

 小·布的叮咛

💛 进行第 3 步操作时，面粉可少量多次地倒入，每一次搅拌均匀后再继续倒入，以免面粉结块。

番茄酱

番茄可生津止渴，清热解毒，健胃消食。番茄酱作为果酱和基础调料，应用非常广泛，制作酸甜可口的菜式都可以用到。密封冷藏2周内保存。

难度指数：★★
适用月龄：12+

【食材】

番茄 500 克

白糖 50 克

柠檬适量

 Start !

1. 番茄用沸水浸泡片刻，撕去表皮；

2. 柠檬洗净，切半，挤出汁水 20 毫升；

3. 番茄果肉倒入料理机，加水 150 毫升，打成番茄浆；

4. 番茄浆倒入锅中，加白糖、柠檬汁煮至浓稠即可。

小·布的叮咛

♥ 番茄要选择成熟的，这样做出的番茄酱才会红润香浓。

♥ 可以变换水果，制作自己喜欢的果酱，用糖和柠檬汁来调节口感。

再接
再厉哟！

花生酱

花生中脂肪和蛋白质的含量很高，还富含多种有益健康的微量元素。花生可以化痰止咳、润肺护心、止血凉血、健脑益智。花生酱香浓醇厚，适合作为涂抹酱、馅料及拌酱。密封冷藏4周内保存。

难度指数：★★★
适用月龄：18+

【食材】

生花生米 300 克

花生油 15 毫升

糖 10 克

盐 2 克

 **Start !**

1. 花生米去除霉变、发芽、干瘪的，用筛子筛掉碎皮和尘屑；

2. 花生米入锅，小火不停翻炒，至炒出香味可关火，利用锅内余热再翻炒几分钟，炒好的花生米表皮略带焦色，摊开晾凉；

3. 轻搓花生米，去掉外皮，花生油倒入锅中加热至轻微冒烟；

4. 将去皮的花生米倒入料理机，加糖、盐，先打磨 20 秒，再倒入加热过的花生油，打成细腻柔滑的花生酱即可。

 小布的叮咛

♥ 炒花生时要不停翻炒，以免局部过焦。也可以利用烤箱来烘烤，大约 185℃，15 分钟左右，中途需要取出翻拌。

♥ 大功率料理机可直接将花生米打磨至细滑，功率小的料理机，则需反复多次打磨。

♥ 花生酱一次不能多吃，建议先用温开水调稀；对花生过敏的宝宝需谨慎食用。

猪肉酱

这款肉酱可以直接配粥饭馒头等主食，也可以当作配料入菜，如肉酱茄子等。密封冷藏1周内保存。

难度指数：★★
适用月龄：18+

【食材】猪里脊肉 400 克，黄豆酱 80 克，生抽 15 克，红彩椒 50 克，洋葱 60 克，
　　　　植物油 20 毫升

1. 将猪肉洗净，剁成细腻的肉糜；

2. 红彩椒、洋葱分别洗净后切成细丁；

3. 准备好黄豆酱与生抽；

4. 锅内放油，倒入黄豆酱爆香；

5. 接着倒入彩椒丁、洋葱丁翻炒片刻；

6. 再将肉糜倒入锅内，用锅铲不停翻炒至肉糜松散、色泽变白；

7. 加入生抽继续翻炒；

8. 炒至肉酱变得较干爽、出油时关火即可。

小布的叮咛

♥ 也可以用牛肉来制作牛肉酱，方法步骤与之相同。

♥ 黄豆酱又称豆酱，是传统调味酱料。由黄豆发酵而成，酱香浓郁，适合炒、焖、蒸、拌等多种烹饪方式。辅食中添加少量黄豆酱，可增加菜品鲜香，吸引孩子进食。

难度指数：★★
适用月龄：9+

海带粉、香菇粉 & 干贝粉、虾皮粉

海带、香菇、干贝、虾皮等许多具有特殊香味的食材都可以用来制作天然调味粉，制作辅食时加入少许可起到增味提鲜的作用。密封置干燥处 2-3 个月内保存。

【食材】干海带、干香菇、干贝、干虾皮各适量

 Start! （以海带粉为例）

1. 海带用清水洗去（或用湿布擦拭）表面的杂质；

2. 将洗净的海带置于太阳下吹晒；

3. 吹晒好的海带剪成小块，入锅内小火炒干燥；

4. 将完全干燥的海带块倒入有研磨功能的料理机，打磨成粉；

5. 磨好的海带粉在细筛上轻轻筛滤一次即可。

 **小布的叮咛**

♥ 香菇擦去表面浮灰后，切成小块，在锅内小火翻炒至干燥，晾凉后用搅拌机研磨成细粉。

♥ 干贝撕去黑肠，洗去多余盐分和浮灰，晒干，小火炒至干燥，晾凉后再研磨成细丝状。

♥ 虾皮建议选用无盐的，用细筛筛去碎屑杂质，用搅拌机研磨成细粉。

尝试做一做其他几种调味料吧！

8 种营养素提高宝宝免疫力

蛋白质

功效：蛋白质是组成人体细胞和组织的物质基础，也是机体免疫功能的物质基础。每天补充适量的优质蛋白，不但能促进宝宝生长发育，还能增强抵抗力。

富含蛋白质的食物：动物性蛋白主要来源于鱼虾、畜肉类（牛、羊、猪等）、禽肉类（鸡、鸭等）、蛋、乳类及乳制品，植物性蛋白包括大豆及豆制品、坚果等。

每日所需摄取量（供参考）：

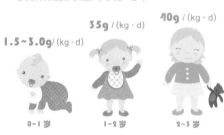

1.5~3.0g /(kg·d)　**35g** /(kg·d)　**40g** /(kg·d)

0~1 岁　1~2 岁　2~3 岁

● (kg·d) 代表婴儿每千克体重数对应的每天所需蛋白质的量。

Point

动物性蛋白比植物性蛋白更易于被人体吸收；母乳的蛋白质吸收率很高，因此宝宝半岁以内推荐纯母乳喂养。

维生素 A（及 β - 胡萝卜素）

功效：维生素 A 对视力及生长发育有重要作用，而且可以提高机体抗感染能力。在提高免疫力方面，补充维生素 A 能预防和辅助治疗婴幼儿

不同种类的病毒感染，例如麻疹、呼吸道病毒感染等疾病。

富含维生素 A 的食物：动物内脏，如鸡肝、猪肝、鸡心、猪心等。深绿色或红黄色蔬果类能提供 β - 胡萝卜素（可在体内转换为维生素 A），如胡萝卜、番茄、菠菜、芹菜、芒果、红薯等。

每日所需摄取量（供参考）：

0~0.5 岁　0.5~3 岁 400μgRE

● 世界卫生组织不建议将为 1~5 月龄婴儿补充维生素 A 作为一项公共卫生干预措施。鼓励妈妈在产后 6 个月内坚持母乳喂养，以确保婴儿获得最佳的生长、发育和健康。

Point

维生素 A 是脂溶性维生素，因此在烹饪过程中加少量油，可促进宝宝对其吸收。

B 族维生素

功效：B 族维生素协同作用，调节人体新陈代谢，维持皮肤和肌肉的健康，能有效增进宝宝免疫系统和神经系统的功能。

富含 B 族维生素的食物：

维生素 B$_1$（硫胺素）：豆类、糙米、牛奶、家禽。

维生素 B$_2$（核黄素）：瘦肉、肝、蛋黄、糙米、小米及绿叶蔬菜。

维生素 B$_3$（烟酸）：动物性食物、肝脏、酵母、

蛋黄、豆类中量多，蔬菜水果中则量偏少。

维生素 B_5（泛酸）：动物肝脏、肾脏，酵母，麦芽和糙米。

维生素 B_6：瘦肉、果仁、糙米、绿叶蔬菜、香蕉。

维生素 B_9（叶酸）：动植物类食物，尤以酵母、肝及绿叶蔬菜中较多。

维生素 B_{12}：动物肝脏、肾脏、鱼及牛奶。

每日所需摄取量（供参考）：

年龄（岁）	维生素 B_1	维生素 B_2	维生素 B_6	叶酸
0~0.5	0.2mg	0.4mg	0.1mg	65 μgDFE
0.5~1	0.3mg	0.5mg	0.3mg	80 μgDFE
1~3	0.6mg	0.6mg	0.5mg	150 μgDFE

Point

同时摄取全部 B 族维生素，效果比单独摄入更好；B 族维生素都是水溶性的，因此清洗食材时不要浸泡过久，烹饪时避免煎、炸，煮时建议连汤食用。

维生素C

功效：维生素C是人体免疫系统必需的维生素。它有强大的抗氧化功能，可以抵抗亚硝酸盐等食品添加剂、重金属、杀虫剂的侵扰。维生素C参与免疫蛋白的合成，促进白细胞和吞噬细胞的活力，有助于提高宝宝的身体免疫力。维生素C能显著降低婴幼儿感冒发生的概率，缩短感冒病程。

富含维生素C的食物：新鲜蔬果，如鲜枣、猕猴桃、柑橘、菜椒、青菜、黄瓜、西蓝花等。

每日所需摄取量（供参考）：

0~0.5 岁	40mg
0.5~1 岁	50mg
1~3 岁	60mg

Point

蔬菜的烹饪时间不要太久，炒好后的菜要及时食用；带汤汁的建议连汤食用。

维生素 E

功效： 维生素 E 是人体内的抗氧化剂，又是有效的免疫调节剂，能提高抗感染能力。补充维生素 E 能让宝宝的免疫系统维持良好运转。

富含维生素 E 的食物： 植物油、麦胚、坚果、豆类、谷类等。

每日所需摄取量（供参考）：

0~1 岁	3mgα-TE
1~3 岁	4mgα-TE

Point

植物油中含有较丰富的维生素 E，但如果保存不当或反复油炸，则容易被氧化。

铁

功效： 铁是人体造血原料之一，铁的缺乏会造成缺铁性贫血。缺铁还会影响免疫力，使宝宝体格发育迟缓，健康水平降低。所以当婴儿半岁以后，随着体内铁元素的消耗殆尽，在辅食中一定要注重补充。

富含铁的食物： 动物肝脏、动物全血、瘦肉、禽类、鱼类、鸡蛋等。

每日所需摄取量（供参考）：

0~0.5 岁	0.3mg
0.5~1 岁	10mg
1~3 岁	12mg

Point

给宝宝补铁，建议多添加动物性食物（含铁量高，且吸收率高）；相较之下，植物性食物（例如菠菜）中的草酸和植酸并不利于铁的吸收。

锌

功效： 锌元素有促进生长发育、改善味觉、提高免疫力的作用。锌元素是中枢免疫器官（胸腺）的营养素，只有锌量充足才能有效保证胸腺发育，正常分化 T 淋巴细胞，促进细胞免疫功能。

富含锌的食物： 贝壳类、红肉类和动物内脏，如牡蛎、扇贝、牛肉、猪肉、动物肝脏等。

每日所需摄取量（供参考）：

0~0.5 岁	1.5mg
0.5~1 岁	8mg
1~3 岁	9mg

Point

吃贝类海鲜时，应避免与柿子、葡萄、山楂、豆类等含植酸或鞣酸的食物同食，不利于锌的吸收；富含维生素 D 的食物如海鱼、虾、鸡蛋、奶酪、蘑菇等则能促进锌的吸收。

硒

功效： 硒是人体必需微量元素之一，具有促进生长、解重金属毒、保护视力和肝脏、抗肿瘤、增强免疫等功能。硒是强免疫调节剂，人体中几乎每一种免疫细胞中都含有硒，补硒可增强体液免疫功能、细胞免疫功能和非特异性免疫功能，从而全面提高宝宝抗病能力。

富含硒的食物： 海产品和动物内脏，如海参、牡蛎、蛤蚧、猪肾等。

每日所需摄取量（供参考）：

0~0.5 岁	15μg
0.5~3 岁	20μg

Point

硒和维生素 E、β-胡萝卜素搭配可加强提高人体免疫力的效果，建议合理地搭配食用。